漏洞管理实战
网络风险管理的策略方法

PRACTICAL VULNERABILITY MANAGEMENT
A STRATEGIC APPROACH TO MANAGING CYBER RISK

[美] 安德鲁·马格努森 (Andrew Magnusson) ◎ 著　　袁国忠 谭乃星 ◎ 译

人民邮电出版社

北　京

图书在版编目（C I P）数据

漏洞管理实战：网络风险管理的策略方法 ／（美）
安德鲁·马格努森（Andrew Magnusson）著；袁国忠，
谭乃星译. -- 北京：人民邮电出版社，2022.9
书名原文：Practical Vulnerability Management:
A Strategic Approach to Managing Cyber Risk
ISBN 978-7-115-59459-4

Ⅰ. ①漏… Ⅱ. ①安… ②袁… ③谭… Ⅲ. ①计算机
网络—网络安全—研究 Ⅳ. ①TP393.08

中国版本图书馆CIP数据核字(2022)第103041号

版 权 声 明

- ◆ 著　　　［美］安德鲁·马格努森（Andrew Magnusson）
　　译　　　袁国忠　谭乃星
　　责任编辑　傅道坤
　　责任印制　王　郁　胡　南
- ◆ 人民邮电出版社出版发行　北京市丰台区成寿寺路 11 号
　　邮编　100164　电子邮件　315@ptpress.com.cn
　　网址　https://www.ptpress.com.cn
　　固安县铭成印刷有限公司印刷
- ◆ 开本：800×1000　1/16
　　印张：13.5　　　　　　　　　　2022 年 9 月第 1 版
　　字数：216 千字　　　　　　　　2022 年 9 月河北第 1 次印刷
　　著作权合同登记号　图字：01-2021-0127 号

定价：69.80 元

读者服务热线：(010)81055410　印装质量热线：(010)81055316
反盗版热线：(010)81055315
广告经营许可证：京东市监广登字 20170147 号

内容提要

本书分别从概念和实战两个角度对漏洞管理进行了剖析，其中涉及与漏洞管理相关的概念和漏洞管理过程的步骤，以及构建免费或低成本漏洞管理系统的实用方法。

本书共 15 章，具体内容包括漏洞管理的基本概念、信息来源、漏洞扫描器、自动漏洞管理、处理漏洞、组织支持和办公室规则、搭建环境、使用数据收集工具、创建资产和漏洞数据库、维护数据库、生成资产和漏洞报告、自动执行扫描和生成报告、如何生成 HTML 形式的高级报告、与漏洞管理相关的高阶主题，以及未来的安全发展趋势及其对漏洞管理过程的影响。

本书先理论后实战，编排顺序合理，可帮助信息安全从业人员（尤其是漏洞研究人员和漏洞管理人员）打造一个可用、实用的漏洞管理系统，从而为所在的组织提供保护。

关于作者

安德鲁·马格努森（**Andrew Magnusson**），近 20 年以来始终奋战在信息安全领域。他以防火墙管理员的身份开启职业生涯，并涉足过安全工程、漏洞分析和咨询等领域，当前为 StrongDM 公司的客户工程团队负责人。他与妻子和女儿居住在罗得岛州，还有两只猫与他们相伴。

关于技术审稿人

Daniel E. Dumond，久经沙场的安全人员和业务带头人，具有 21 年以上的从业经验。在其职业生涯中，他担任过很多信息安全领域的技术和高级主管职位，帮助过全球重要的组织安装并提供创新的安全产品和服务。他对编程和自动化充满激情，并使用它们来应对严峻的安全挑战。

致　　谢

本书得以付梓绝非一个人的功劳，在我构思、编写和出版本书的过程中，很多人提供了大力支持。

首先感谢我的父母 Jan Slaughter 和 Phil Magnusson。要是没有他们的爱和支持，我便不会对文字和计算机产生兴趣，本书就不可能存在。

感谢我的妻子 Jessica McKay-Dasent，她在我编写和修订本书期间一如既往地无条件支持我。在本书从构思到完稿期间，我们结婚、买房并生下了女儿 Artemis。感谢她一直以来的支持。

感谢 No Starch 出版社的编辑和支持人员，这包括但绝不限于 Zach Lebowski、Alex Freed、Annie Choi、Barbara Yien、Janelle Ludowise、Katrina Taylor、Bill Pollock 和 Athabasca Witschi。他们对我的初稿进行了大量的改进，将本书塑造成了现在的样子。

感谢 Daniel E.Dumond 为本书所做的出色的技术审稿工作，让本书的内容和结构组成更为清晰、适用。倘若本书的正文和代码还有错误，那都是我的责任。

感谢亦师亦友的 Annie Searle，她帮助我养成了风险管理思维，还审阅了本书多章的手稿。

感谢前东家 Mandiant 咨询公司的多位同事为本书的写作提供的大力支持，他们是 Elliott Dorham、Mike Shingler、Dennis Hanzlik 和 Jurgen Kutscher。

最后，感谢现任东家 StrongDM 公司的同事给我的支持与帮助，尤其感谢 Justin McCarthy、Elizabeth Zalman 和 Schuyler Brown。

前　　言

关注引人注目的大问题，如高级持续性威胁（APT），是人的天性。与 APT 有关联的攻击者攻陷过大型零售商、金融机构甚至政府网络，但如果将全部注意力都放在 APT 或其他可能上新闻头条的问题上，就会忽略基本问题。即便有保护系统的新防火墙和强大的流量监控设备，如果不关注安全职责的重要方面，也可能导致系统的"盔甲"出现大量裂缝。忽略基本方面（如不确保系统是最新的）可能带来严重的后果。

来看一个例子。假设您是一家中型电子商务公司的信息安全经理，您搭建了防火墙来阻止入站流量，只允许隔离区（DMZ）内系统上的流量去往面向互联网的服务，还开启了出站过滤功能，以禁止未经授权的出站流量通过。在终端上，您启用了反病毒软件，并加固了服务器。您以为自己的系统是安全的。

但在 DMZ 中的一台 Linux 服务器中，一个旧的 Web 服务正运行在过期的 Tomcat 版本上。这是一次不明智的决策（尝试向一些业务合作伙伴销售宝贵的专用数据）留下的隐患。这种尝试虽然失败了，但由于已经有一些订单，而根据合同，公司必须让这个服务器再运行一年。到年底时，这个项目悄然结束了，但这个服务器还在运行，所有人都将它忘在脑后。但外面有人注意到了它，并通过一台位于摩尔多瓦的失陷服务器发起了攻击，而您这个未打补丁的 Tomcat 服务器存在一个 5 年前的 Java 漏洞。至此，攻击者在您的网络中建立了"桥头堡"，而您所有的保护措施都无法挫败它。问题出在什么地方呢？

本书将证明牢固掌握基本信息安全技术的重要性，这些基本技术是成功的信息安全计划的重要组成部分。可惜它们常常被忽略，进而让位于更有吸引力的主题，如流量分析和自动化恶意软件沙箱（automated malware sandboxing）。这些主题确实是信息安全领域的重大进展，但在没有牢固掌握基本技术的情况下，投资于更高级的工具和技术毫无意义。

本书读者对象

本书是为肩负如下任务的安全从业人员编写的：在预算很少的情况下打造一个漏洞管理系统，它具备商用漏洞管理工具的功能，能够为组织提供保护。如果读者还熟悉漏洞管理过程，那就更好了。要自己动手打造漏洞管理系统，必须熟悉 Linux 和数据库概念，并具备一些编程语言（如 Python）的使用经验。本书的脚本是使用 Python 编写的，但您可使用自己喜欢的现代脚本语言或编程语言来重新编写它们。

回归基础

被视为基础的安全主题有很多，如认证管理、网络设计和资产管理。这些主题对分析人员来说可能不那么有趣，却至关重要。

漏洞管理是信息安全的基本概念之一。没有任何软件包是完美无缺的，软件不可避免地会出现 bug，而很多 bug 都会带来安全隐患。处理这些软件漏洞是信息安全领域中一个永恒的主题；要部署更高级、更有针对性的工具，必须确保安全基准，而要确保安全基准，必须对漏洞进行管理。

漏洞会影响 IT 基础设施的各个层面，因此漏洞管理会影响 IT 安全计划的各个方面。要确保终端安全，必须将工作站和服务器中安装的软件升级到最新版，以最大限度地缩小攻击面。零日漏洞始终是重要的关注点，但通过消除易于利用的已知（有时是存在已久的）漏洞，可增大攻击者攻陷终端进而在环境中建立"桥头堡"的难度。网络安全旨在竭尽所能只让必要的流量穿过内部网段和进出互联网，但如果系统或网络设备存在已知的漏洞，即便原本合法的流量也可能包含基于网络的攻击（它们使用的是受信任的协议）。身份和访问管理（IAM）对用户进行限制，使其只能访问获得授权的系统和数据，但如果身份系统本身存在漏洞，攻击者便可轻松地绕过它们。

如果环境具备安全基准，那么采取的任何应对措施都不能通过利用已知的漏洞来轻易绕过。咱们来看一种类似的情况：第一次世界大战之后，法国为抵御德国的入侵，沿两国边界建造了大量的堡垒和壕沟，并按当时法国陆军部长姓名将其命名为马奇诺防线。但第二次世界大战爆发后，德国避开马奇诺防线，穿过法国与比利时的边界入侵法国。造价如此高昂的防御工事没有发挥任何作用。这个道理也适用于网络环境，如果没有基本的安全保障，任何额外的反制措施都无异于马奇诺防线，攻击者可轻松地避开它们，因为别的地方有更容易的进攻路径。但通过建立主动的漏洞管理计划来提供并维护基本的安全保障，便可信任额外的安全措施能进一步提高安全计划的实际价值。

漏洞管理不等同于补丁管理

补丁管理对整个企业中服务器和终端的软件版本与补丁等级进行跟踪，这可能是与完整的软件配置管理（SCM）系统一道完成的。它可远程推送补丁，以确保系统是最新的。虽然传统的补丁管理与本书将介绍的漏洞管理有很多相似之处，但它们背后的假设有着天壤之别。

在补丁管理中，假设有补丁可用，并且一个补丁管理系统能够管理网络中需要打补丁的所有设备，另外有足够的时间和人力来打上所有的补丁。然而，在实际环境中，满足上述所有条件的情况少之又少。有些设备不由 SCM 进行管理，如路由器和防火墙等网络设备、测试机、遗弃的服务器以及其操作系统不与 SCM 代理兼容的设备。对典型的SCM 部署来说，所有这些设备都是不可见的，很容易变得过时却没有任何人注意到。即便对终端来说自动打补丁是可行的，通常也必须手工处理服务器和网络设备，因为自动给服务器打补丁可能给组织带来无法承受的停机时间。另一方面，手工给服务器和网络设备打补丁需要时间，这会让 IT 人员不堪重负。

漏洞管理采取的方法更为务实，它要解决的问题是，在资源有限的情况下，如何解决最严重的漏洞，从而最大限度地改善安全状况，而不是如何安装所有的补丁。漏洞管理从风险管理的角度看待问题。我们首先找出网络设备（无论是受管的还是不受管的）中存在的所有漏洞，并确定哪些漏洞给组织带来的风险最大。收集这些数据后，我们便有足够的信息，能够确定各种补丁安装和修复措施的轻重缓急。安装紧要的补丁并采取紧要的修复措施后，如果我们还能采取更多的更新和修复措施，那更好。但通过优先考虑风险最高的问题，并明智地分配有限的时间和资源，可在花费较少精力的情况下极大地改善系统的安全状况。

本书涵盖的主要主题

本书分两部分——概念部分和实战部分。第一部分（第 1 章～第 6 章）介绍了与漏洞管理相关的概念以及漏洞管理的步骤；第二部分（第 7 章～第 15 章）介绍了一种构建免费或低成本漏洞管理系统的实用方法。您可按顺序阅读本书，但最重要的是搞明白每个脚本背后的概念，这样才能根据实际情况修改它们。本书的最后介绍了那些在您的漏洞管理系统能够正常运行后可能会面对的主题，其中一个主题是在预算允许的情况下选购一款商用工具，以改善您的漏洞管理计划。

本书组织结构

本书先理论后实战，内容的排列顺序合乎逻辑，但如果您是经验丰富的安全从业人员，可直接跳到自己最感兴趣的主题。同样，书中的脚本也是按合乎逻辑的顺序编写的，但您可分别使用它们，至于具体使用哪些，则取决于您的环境中已经有哪些工具和进程。

下面概述了各章的内容。

❏ **第 1 章，“基本概念”**：介绍漏洞管理的基本概念以及漏洞管理与风险管理的关系。

❏ **第 2 章，“信息来源”**：讨论为实施漏洞管理需要收集的各种数据。

- ❑ 第 3 章，"漏洞扫描器"：介绍如何扫描网络中的系统以找出其中的漏洞。

- ❑ 第 4 章，"自动漏洞管理"：阐述如何打造一个自动收集并分析数据的系统。

- ❑ 第 5 章，"处理漏洞"：介绍如何根据收集的漏洞信息采取相应的措施——打补丁、采取缓解措施或接受风险。

- ❑ 第 6 章，"组织支持和办公室规则"：介绍如何在组织中实施漏洞管理。

- ❑ 第 7 章，"搭建环境"：阐述如何安装操作系统和必要的包以及如何通过编写脚本来确保一切都是最新的。

- ❑ 第 8 章，"使用数据收集工具"：讨论如何使用 Nmap、OpenVAS 和 cve-search 来收集数据。

- ❑ 第 9 章，"创建资产和漏洞数据库"：演示如何将扫描结果导入数据库。

- ❑ 第 10 章，"维护数据库"：介绍如何在数据库中添加键及剔除过时的数据。

- ❑ 第 11 章，"生成资产和漏洞报告"：深入探讨如何为资产和漏洞创建基本的 CSV 报告。

- ❑ 第 12 章，"自动执行扫描和生成报告"：介绍如何通过编写脚本来自动执行 Nmap 和 OpenVAS 扫描以及定期地生成报告。

- ❑ 第 13 章，"高级报告"：讨论如何生成 HTML 格式的高级报告。

- ❑ 第 14 章，"高阶主题"：介绍如何创建 API、自动利用漏洞以及支持云环境。

- ❑ 第 15 章，"结语"：介绍未来的安全发展趋势及其对漏洞管理过程的影响。

本书学习目标

本书旨在引领漏洞管理新人打造一个行之有效的漏洞管理系统，以便能够生成准确且有用的漏洞情报。这些情报可加深您对组织漏洞状况的认识，进而改善组织的总体安全状况。通过阅读本书，读者可提高组织的漏洞管理能力，而这种能力是确保信息安全计划获得成功的基石之一。

代码下载

　　本书提供了源代码下载等配套服务，请登录异步社区，搜索本书书名，进入本书页面，点击"配套资源"，跳转到下载页面，按提示进行操作即可。本书配置资源包含本书涉及的所有代码，还有一些可在环境中使用的示例配置文件。欢迎各位读者提出宝贵的建议。

重要说明

　　与大多数计算机安全工具一样，本书介绍的工具和技术既可用于防御又可用于进攻。扫描可能成为充满恶意和敌对的行为，因此请只对您拥有或被授权扫描的系统和网络进行扫描。再重申一次，不要对并非属于您的系统进行扫描（准确地说是探测）。即便在妥善使用的情况下，这些扫描工具也可能带来负面后果，在极端情况下，可能会导致系统崩溃和数据丢失。采取扫描或与漏洞利用相关的行动前，务必对潜在的风险心中有数。

资源与支持

本书由异步社区出品，社区（https://www.epubit.com/）为您提供相关资源和后续服务。

配套资源

要获得本书源代码等配套资源，请在异步社区本书页面中点击"配套资源"，跳转到下载页面，按提示进行操作即可。

提交勘误

作者和编辑尽最大努力来确保书中内容的准确性，但难免会存在疏漏。欢迎您将发现的问题反馈给我们，帮助我们提升图书的质量。

当您发现错误时，请登录异步社区，按书名搜索，进入本书页面，点击"发表勘误"，输入勘误信息，点击"提交勘误"按钮即可。本书的作者和编辑会对您提交的勘误进行审核，确认并接受后，您将获赠异步社区的 100 积分。积分可用于在异步社区兑换优惠券、样书或奖品。

扫码关注本书

扫描下方二维码，您将会在异步社区微信服务号中看到本书信息及相关的服务提示。

与我们联系

我们的联系邮箱是 contact@epubit.com.cn。

如果您对本书有任何疑问或建议，请您发邮件给我们，并请在邮件标题中注明本书书名，以便我们更高效地做出反馈。

如果您有兴趣出版图书、录制教学视频，或者参与图书技术审校等工作，可以发邮件给本书的责任编辑（fudaokun@ptpress.com.cn）。

如果您来自学校、培训机构或企业，想批量购买本书或异步社区出版的其他图书，也可以发邮件给我们。

如果您在网上发现有针对异步社区出品图书的各种形式的盗版行为，包括对图书全部或部分内容的非授权传播，请您将怀疑有侵权行为的链接通过邮件发给我们。您的这一举动是对作者权益的保护，也是我们持续为您提供有价值的内容的动力之源。

关于异步社区和异步图书

"异步社区"是人民邮电出版社旗下 IT 专业图书社区，致力于出版精品 IT 技术图书和相关学习产品，为作译者提供优质出版服务。异步社区创办于 2015 年 8 月，提供大量精品 IT 技术图书和电子书，以及高品质技术文章和视频课程。更多详情请访问异步社区官网 https://www.epubit.com。

"异步图书"是由异步社区编辑团队策划出版的精品 IT 专业图书的品牌，依托于人民邮电出版社的计算机图书出版积累和专业编辑团队，相关图书在封面上印有异步图书的 LOGO。异步图书的出版领域包括软件开发、大数据、AI、测试、前端、网络技术等。

异步社区

微信服务号

目　　录

## 第一部分

漏洞管理基础

第 1 章

基本概念

要深入探究漏洞管理，必须先搞明白一些有关漏洞的基本信息。您可能熟悉漏洞及其风险等级，如果是这样的话，可将本章视为复习资料，通过阅读它，可为后面介绍的高阶主题做好充分准备。虽然本章不会详尽介绍各种信息安全概念，但涵盖的范围很广，足以确保您能够理解本书后面的内容。

1.1 CIA 三要素和漏洞

在信息安全领域，存在 3 个主要的支柱，它们是信息的机密性（谁能访问数据）、信息的完整性（谁能修改数据）和信息的可用性（对获得授权的用户来说，数据是否可用）。这些支柱被称为 CIA 三要素。这个模型并非完美无缺，但对安全漏洞进行讨论和分类时，这些术语可提供极大的帮助。

无论是软件、固件还是硬件，都存在 bug。虽然并非所有的 bug 都很严重，但很多都会带来安全隐患。在程序中，如果可以提供不正确的输入，进而导致程序崩溃，那么这不仅是 bug，而且是漏洞。如果提供不正确的输入，只会导致屏幕上文本的颜色发生变化，但文本依然是可见的，那么这种 bug 就不是漏洞。准确地说，只要没有人能够利用这个 bug 来引发安全问题，它就不是漏洞。简而言之，漏洞是信息系统中可被攻击者利用进而带来安全隐患的弱点。通常，漏洞都是由 bug 导致的，但这些弱点也可能是由代码逻辑缺陷、糟糕的软件设计或不恰当的实现选择引发的。

仅当 bug 会影响数据的机密性、完整性或可用性（或者整个信息系统）时，它才被视为漏洞，主要的漏洞类型可直接对应于 CIA 三要素。这三大类分别是信息修改漏洞、信息泄露漏洞和拒绝服务（DoS）漏洞。信息泄露漏洞影响数据的机密性：这种漏洞让未经授权的用户能够访问他们原本不能访问的数据。信息修改漏洞让未经授权的用户能够修改数据，因此会影响数据的完整性。拒绝服务漏洞影响数据的可用性：如果获得授权的用户无法访问系统，他们就无法访问数据。

还有第四类漏洞，它们与代码运行和命令执行相关。这些漏洞让攻击者能够在系统中执行特定命令或运行任何代码。根据代码运行的用户等级，攻击者可获得对系统有限或全面的访问权，进而可能全面影响 CIA 三要素。如果攻击者能够执行命令，他就可能能够读取或修改敏感数据，甚至关闭或重启系统。这种类别的漏洞是最严重的。

有些漏洞可能属于多个类别，同时随着攻击者对漏洞有更深入的认识，进而能够更充分地利用它。漏洞所属的类别和严重程度可能发生变化，鉴于漏洞情况在不断变化，必须制定卓有成效的漏洞管理计划，才能紧跟发展的步伐。

1.2　何谓漏洞管理

漏洞管理指的是始终对环境中存在的已知漏洞心中有数，进而消除或缓解这些漏洞，以改善环境的总体安全状况。上述定义看似简单，但指出了大量相互依赖的措施。这些措施将在本书后面详细讨论，这里先来看一下漏洞管理生命周期的主要步骤，如图 1-1 所示。

第一步是洞悉当前的漏洞环境。为此，需要收集有关系统的数据，确定系统中存在哪些漏洞。第二步是对收集的数据以及从其他来源获得的与安全相关的数据进行分析。第三步是根据数据分析结果提出建议，指出需要采取哪些措施来改善安全状况。这些建议可能包括安装补丁或采取缓解措施（如添加防火墙规则或实施系统加固措施）。第四步是实施建议。这一步完成后，将启动下一个漏洞管理生命周期：再次收集系统数据，并找出前一个生命周期内未发现或还未出现的漏洞。

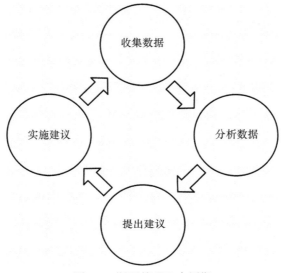

图 1-1　漏洞管理生命周期

　　这个管理过程既不短暂也不简单。找出漏洞可能很容易，但处理漏洞并改善安全基准的过程永远没有终点。另外，这个过程还将牵涉组织中众多不同的角色和业务流程。

　　下面来详细介绍每个步骤。

1.2.1　收集数据

　　数据收集分两大类——内部数据收集和外部数据收集，下面来依次介绍它们。

　　内部数据收集指的是收集有关组织环境的信息。这类数据包括网络中主机（终端和网络设备）的信息以及每台主机的漏洞信息。主机信息的来源包括使用网络映射工具（如 Nmap）执行的探索性扫描、资产数据库工具以及配置管理数据库（CMDB）。仅有包含服务器和工作站数据的电子表格是不够的，漏洞管理要获得成功，首先必须有准确而完备的数据，而手工创建和更新的电子表格不能准确地反映环境中主机和网络的状态。

漏洞数据有一个来源，那就是漏洞扫描器，这些工具通过与设备交互（基于网络的扫描或基于主机的代理）来发现漏洞。网络扫描器扫描指定范围或列表中的每个 IP 地址，以确定哪些端口处于打开状态、这些端口上运行着哪些服务以及每台使用的操作系统（OS）版本、相关配置和运行的软件包。基于主机的代理不进行扫描，而直接向系统查询，以确定系统运行的服务和版本信息。这两种方法都有其优缺点，这将在第 3 章详细讨论。

收集的内部数据很快就会过时，漏洞信息尤其如此，因此必须定期收集。即便没有频繁地增删主机，漏洞信息也将每天发生变化：每天都可能安装新的软件包或执行更新，每天都有新的漏洞被发现并公布出来。为确保有关当前环境的数据准确而完备，必须定期地执行扫描并例行地更新扫描器，确保它包含最新的漏洞信息。然而，定期扫描可能带来负面影响，但您必须在承担风险和确保漏洞数据准确之间进行权衡，这将在第 2 章讨论。

对漏洞分析来说，网络配置等信息以及其他高级数据源可能很有用，但这些不在本书探讨的范围之内。对于这些信息，前面的警告也适用：如果信息不是最新而完备的，分析结果将没有太大的意义。最新的数据才是好数据。

外部数据收集指的是从组织外部的数据源获取数据。这种信息包括：美国国家标准与技术研究院（National Institute of Standards and Technology，NIST）提供的通用漏洞披露（common vulnerabilities and exposures，CVE）中的公开漏洞详情；Exploit Database 和 Metasploit 提供的公开漏洞利用程序的信息；诸如 CVE Details 等开放数据源提供的其他漏洞、缓解和漏洞利用详情；众多专用数据源（如威胁情报 feed）提供的信息。

这种信息虽然来自组织外部，但也可确保它们始终是最新的，为此可直接查询在线数据源，也可建立本地数据仓库。内部数据收集可能给环境带来问题，而从第三方收集数据很容易，只需找到并获取它们即可。因此，除非为了节省数据传输费用，否则没有理由不每天更新来自这些数据源的数据，甚至始终连接到这些数据源（如威胁情报 feed）。

1.2.2　分析数据

收集内部数据和外部数据后，需要对其进行分析，以获得有用的有关环境的漏洞情报。

熟悉扫描器报告的人都会指出，即使在设备不多的环境，单单是漏洞信息就足以让人不堪重负。几乎在每台设备中，扫描器都会找出大量的漏洞，这可能导致您难以将重要的漏洞和不重要的漏洞区分开来。雪上加霜的是，如果扫描器报告长达上千页，您将难以决定该向早已不堪重负的系统管理员分配哪些修复任务。

要解决这个问题，有 2 种办法。一是尝试精简漏洞清单，使其更容易应对，这被称为剔除法（culling）；二是尝试按重要性对漏洞进行排序，这被称为排名法（ranking）。

剔除法很简单，就是对每个漏洞做出非黑即白的决策。用于确定漏洞留下的标准可能是该漏洞在某个特定日期更新，该漏洞利用程序是已知的，或者该漏洞可以被远程利用。也可组合使用非黑即白的筛选器，对漏洞清单做进一步的剔除。仅当漏洞满足指定的条件时，您才花时间对其做进一步的分析。

排名法必须以某种形式的标量为标准。例如，要对一系列漏洞进行排名，可以采用它们对机密性、完整性或可用性的影响为标准，也可以采用通用漏洞评分系统（common vulnerability scoring system，CVSS）为标准，通用漏洞评分系统根据漏洞的严重程度以及对 CIA 三要素的影响给出了 1～10 的评分。如果您对组织面临的风险情况有深入认识，可根据组织内部制定的风险指标建立自己的评分系统。

虽然剔除法和排名法的侧重点不同，但可在它们之间进行转换。例如，可根据二元分类（如是否可被利用）进行排名（而不是剔除），从而将清单分成两组。反过来，也可通过指定阈值来对指标排名，从而进行剔除，例如，设置 CVE 评分为 5 分的剔除阈值，从而将评分低于这个数的所有漏洞都剔除。在给定一个对漏洞进行分类的指标后，需要决定将其作为排名指标、剔除指标还是兼而有之。

由于通过剔除法可缩小需要分析的数据集，而排名法本身是一种分析方法，因此应

考虑结合使用它们。首先对漏洞集进行剔除，可减少接下来需要分析的漏洞数量，从而
提高分析的速度和相关性。在确定哪些漏洞最重要后，可对它们进行排名，以便能够更
轻松地判断它们的相对重要性。

　　本书的脚本使用了一个简单的剔除-排名配置文件，可根据组织的需求修改或替换
它。这个配置文件将 CVSS 评分和可利用性作为指标，如图 1-2 所示。

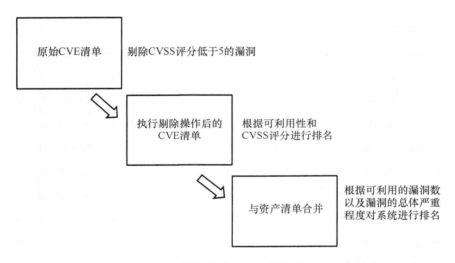

图 1-2　一个简单的将重要漏洞筛选出来的剔除-排名配置文件（profile）

　　首先剔除 CVSS 评分较低的漏洞，因为它们没有严重到需要做进一步分析的程度。
接下来，根据可利用性及 CVSS 评分（从高到低）对余下的漏洞进行排名。可将这个清
单与资产清单合并，再根据可利用的漏洞数以及漏洞的总体严重程度对系统进行排名。
在这样得到的清单中，风险最高的系统将排在最前面。

1.2.3　一个剔除-排名实例

　　下面通过一个真实场景看看剔除-排名分析过程是如何工作的。假设您刚才对主网段
进行了漏洞扫描，这个网段是一个 C 类网络，总共有 256 个 IP 地址，其中 254 个 IP 地

址是可用的。这个网段中有大量的 Windows 主机，还有几台打印机和其他设备。扫描结果表明，总共发现了大约 2000 个漏洞，分布在 84 台不同的设备中。

首先对漏洞清单进行处理，将 CVSS 评分低于 5 的漏洞剔除，最终留下大约 500 个漏洞，它们分布在 63 台设备中。在大约 500 个漏洞中，只有 38 个是各不相同的（因为大部分漏洞都出现在了多台主机中），这意味着您只需研究这 38 个漏洞。通过采取这种措施，将需要研究的漏洞数量缩减了大约 92%。为确定需要对余下的哪些漏洞进行研究，您将根据多个标准对它们进行排名。

接下来，对于余下的每个漏洞，确定是否有已知的漏洞利用程序。如果有，就需要优先处理。其次，确定每个漏洞的 CVSS 严重程度。严重程度越高，意味着被利用带来的后果越严重，因此应将重点放在较严重的漏洞上。

按第 3 个标准进行排名前，咱们先来看看此时留下的漏洞有哪些。在这 38 个不同的漏洞中，有 3 个漏洞存在已知的漏洞利用程序，并对余下的 35 个漏洞按 CVSS 严重程度进行了排序。

最后，将漏洞清单与主机合并，即对于每台主机，确定它有多少个漏洞以及这些漏洞的严重程度。这样做后，您将清楚地知道应重点将修复精力放在哪些地方。

在这个示例中，有 63 台主机存在漏洞，其中有 48 台主机只有一两个漏洞，且这些漏洞的严重程度不超过 7，还有 11 台主机存在的漏洞多达 15 个，且其中有一两个的 CVSS 严重程度不低于 9。余下的漏洞全部出现在余下的 4 台主机中（每台主机的漏洞数量平均高达 125 个，包括 3 个可利用的漏洞）。显然，这些系统是关注的重点，必须先修复它们。

1.2.4　提出建议

有了主机和漏洞清单，并根据风险对其进行排序后，接下来需要提出建议，指出要采取的漏洞修复措施。您将从最高的风险着手，并沿清单向下进行处理。如果处理的网络环境不大，这项工作可能由您负责；但在大型组织中，这个过程可能更漫长，涉及系统、应用程序所有者以及其他利益相关方。

修复措施分两大类：打补丁和缓解措施。

打补丁很简单，只需安装消除漏洞的补丁即可，而缓解措施更复杂，且随具体情况而异。

如果没有补丁或打补丁不可行，就需考虑其他消除风险的方式。比如修改配置以防止特定漏洞被利用。再比如在特定 IP 地址范围外不需要存在漏洞的服务，因此可使用防火墙规则或路由器访问控制列表（ACL）对其进行保护，以减小暴露面。还可以给既有的入侵检测系统（IDS）或入侵防范系统（IPS）添加额外的规则，以检测并挫败攻击者利用特定漏洞的企图。所有这些都属于漏洞缓解措施，该采取什么样的措施随具体情况而异。

1.2.5　实施建议

有了漏洞修复的建议后，便可与系统和应用程序的所有者联系，要求他们实施修复措施。如果他们参与了建议提出过程，这一步将很简单；如果建议在他们的预期之外，您就需要向他们阐明安全风险并提出如此建议的原因，这将在第 6 章讨论。至此，双方应就建议实施时间表达成一致。

相关责任人实施建议（打补丁或采取缓解措施）后，最后一步是核实变更已实现且变更是有效的。由于缓解措施可能千差万别，因此在大多数情况下，都需要手工核实这些措施是否已就绪且有效，但对于补丁，要核实是否做了相关的变更，可再次扫描并看看漏洞是否依然存在。接下来，将进入第 1 个阶段——收集数据。这将重新开始漏洞管理生命周期，通过再次扫描来验证修复措施并发现新的漏洞。

1.3　漏洞管理和风险管理

漏洞管理与企业的风险管理目标联系紧密，本书的重点并非整体的信息风险管理，但明白漏洞管理在风险管理中所处的位置至关重要。如果没有有效的漏洞管理计划，企业的 IT 风险管理目标将难以甚至无法实现。

IT 风险管理的总体框架类似于漏洞管理框架。IT 风险管理通常包括如下几个阶段：找出关键资产、找出风险并对其进行排名、确定控制措施、实施控制措施以及监视控制措施的有效性。风险管理也是一个持续不断的过程，而非有明确终点的一次性事件。在风险管理过程中，漏洞管理处于什么位置呢？

漏洞管理的不同阶段对应于风险管理过程的不同阶段，如表 1-1 所示。例如，风险管理框架中的"找出关键资产"阶段直接对应于收集资产和漏洞数据。

表 1-1　漏洞管理阶段与 IT 风险管理阶段的对应关系

漏洞管理	IT 风险管理
收集数据	找出关键资产
分析数据	找出风险并对其进行排名
提出建议	确定控制措施
实施建议	实施控制措施
收集数据	监视控制措施

但这些对应关系只说明了风险管理过程的一部分。通过漏洞管理过程发现与漏洞相关的风险后，组织可能考虑采取那些并不能直接消除漏洞的控制措施，如实施一个能够识别协议的防火墙。类似这样的措施不仅能有效地挫败某些漏洞利用程序，也能缓解其他类型的风险。另外，定期地进行漏洞管理数据收集不仅有助于找出关键资产和风险，还有助于监视控制措施的有效性。例如，在设置防火墙后，下一次扫描时可能发现其配置不正确，未能将其要阻断的流量过滤掉。

由于本书并非信息风险管理指南，因此有关信息风险管理的讨论到此结束，接下来将更深入地探讨漏洞管理。如果您对信息风险管理方法和流程感兴趣，推荐您阅读

NIST 800-53、ISO/IEC 27003、ISO/IEC 27004 和 ISO/IEC 27005，这些资料都可通过搜索引擎找到。

1.4   小结

本章简要地介绍了漏洞管理及其在 IT 风险管理框架中所处的位置，带您学习了本书都将遵循的漏洞管理总体流程，并预览了在持有漏洞情报后将采取的步骤。

第 2 章将更深入地探索漏洞管理过程，让您离实现自己的漏洞管理系统更近一步。

信息来源

漏洞管理计划要取得成功，需要有来自多个数据源的信息。本章会介绍这些数据源，而第 3 章将演示如何结合使用它们来获悉组织的漏洞情况。

2.1 资产信息

资产信息很重要，但很多组织（有大型的，也有小型的）都对其网络资产没有全面认识（甚至连片面的认识都没有）。您可能使用电子表格来记录资产信息，多位网络管理员共享这个电子表格，并时不时地更新它；您也可能有一个记录资产信息的 Windows 桌面数据库，这个数据库是使用 CMDB 或终端管理产品创建的。然而，要进行漏洞管理，必须有完整的联网设备清单，以及能够收集到的有关每台主机的其他信息。虽然非联网设备对整个风险管理来说很重要，但不在自动漏洞管理计划的范畴之内。

要想轻松地获取主机清单（以及众多其他的信息），可使用网络扫描工具（如 Nmap）或漏洞扫描器（如 Nessus 或 Qualys）来执行网络扫描，并找出活跃的主机。要想收集漏洞数据，漏洞扫描器必不可少。然而，这些扫描可能是侵入型的，可能导致应用程序乃至操作系统崩溃。因此，对于信息收集扫描，需要细心地规划。

组织经常需要在网络中添加新设备，虽然大多数组织都制定了变更策略，但并不能保证这些策略能够得到遵守。为确保资产信息是最新且可信的，必须定期地对整个网络执行发现扫描。

理想情况下，应按计划执行这些扫描，但定期扫描（这将在 2.2 节中介绍）的风险在于，在组织中执行这些扫描时，可能需要有人监控，以便出现问题时停止扫描。如果是这样的，就需要减少发现扫描的次数，以手工方式进行扫描并将得到的数据导入到数据存储中。

变更管理

实施了风险管理的组织都配置了变更管理系统，这旨在确保系统和网络处于稳定状态，并将所有的状态变更记录下来。变更管理系统可能是由变更请求、批准、协调组成的邮件链，也可能是包含工单和配置管理的商用变更管理系统。

变更控制本身不是，也不能是唯一的 IT 变更控制措施，而且总是有办法被规避。管理员可能安装补丁（这个过程可能成功，也可能失败）、为排除故障而添加或修改网络路由、购买并连接新的网络设备或为满足迫切的业务需求而启用新服务，且不创建必要的变更控制书面记录。因此，对于变更管理系统提供的有关 IT 基础设施状态的信息，不能盲目相信。

2.2 漏洞信息

完整记录网络中所有的设备后，需要配置漏洞扫描仪，使其对每台设备执行深度扫描，以找出所有已知的主机漏洞。例如，扫描器可能发现一台 Windows 服务器正运行着特定版本的 Web 服务器 IIS，而这种版本的 IIS 容易遭受目录遍历攻击，进而可能导致信息泄露。

配置和安排扫描时，务必仔细查看可用的扫描器选项，并根据环境及其风险承受能力定制设置。指定扫描时间和扫描范围时，也应该这样做。例如，对于某些网段，如终端网段，可每天扫描，这是因为用户工作站宕机的风险有限，短暂脱机带来的后果不那么严重。然而，对于关键系统，如核心生产数据库，在计划的维护窗口外进行扫描可能风险太大。您必须在获取最新数据和冒宕机风险之间进行权衡。

从本质上说，网络漏洞扫描器只能找出可通过网络连接发现的漏洞。因此，在 Windows 终端的桌面应用程序中，如果存在可利用的本地漏洞，网络扫描器是发现不了的。例如，网络扫描器发现不了 CVE-2018-0862（这是 Microsoft 公式编辑器中的一个漏洞，攻击者只能通过打开精心制作的 Word 或 WordPad 文档来利用它），原因是通过网络扫描通常检测不到 Microsoft Office 应用程序。

为弥补这种缺憾，可使用终端扫描器（如非扫描代理 Qualys）、软件配置管理（SCM）工具或 CMDB，它们会搜集部署的软件及其版本的清单，进而通过与漏洞数据库比对，确定存在哪些已知的漏洞。网络扫描虽然存在这些局限性，但通过它来准确地获悉存在的漏洞是个不错的开始。

漏洞扫描器将在第 3 章更详细地讨论。

2.3　漏洞利用（Exploit）数据

虽然每个漏洞都有很多可用的信息，但结合使用多个数据来源可走得更远。最容易获得的一种信息是漏洞利用数据。网上有很多有关公开可用的漏洞利用程序的信息，它们是被广泛访问的且通常是可搜索的，例如，Exploit Database 网站提供了一个可搜索的索引，列出了已公开的漏洞利用程序。另外，Metasploit 也列出了大量漏洞利用程序，并提供了一个命令行工具，让您能够轻松使用这些漏洞利用程序对目标系统发起攻击，这将在第 14 章讨论。大多数漏洞利用程序都通过 CVE ID 与特定漏洞相关联。您可根据 CVE ID 将漏洞利用程序信息与已收集的漏洞信息关联起来。

相比于还不知道被如何利用的漏洞，企业通常优先解决可被利用的漏洞。然而，并非所有的漏洞利用程序都是一样的，例如，相比于可发起 DoS 攻击乃至读取任意数据的漏洞利用程序，让攻击者能够运行任意代码的漏洞利用程序通常更严重。要以更细粒度的方式确定漏洞利用程序的优先级，知道它们将带来的后果会很有用。

CVE ID

MITRE 公司尝试建立了一个 CVE 数据库，旨在囊括所有已知的信息安全漏洞并对其进行系统化和编目。对于每个新发现的漏洞，都指定了一个形如 CVE-yyyy-xxxx 的 CVE ID，其中的 yyyy 为当前年份，而 xxxx 是一个不少于 4 位的数字。

CVE 记录包含漏洞描述，还有数据来源的链接，如来自厂商的官方漏洞通告、第三方通知以及漏洞利用程序通告。要查看详细记录的漏洞的示例，请访问 CVE 网站并搜索 CVE-2014-0160。CVE-2014-0160 是心脏出血（Heartbleed）漏洞的标识符，这是一个非常令人讨厌的信息泄露漏洞，几乎所有的 Web 服务器都受其影响。这个漏洞的 CVE 页面包含 100 多个链接，涵盖了从邮件列表帖子到测试工具，再到数十个不同厂商的补丁通告的内容。

2.4　高级数据来源

下面列出了几个专门的高级数据来源，它们虽然大都不在本书的讨论之列，但很有参考价值。

❑ 威胁情报 feed：这些 feed 包含有关当前威胁情况的信息（威胁主体和组织、漏洞利用工具包最近使用的漏洞利用程序、存在还未公开的漏洞利用程序的漏洞）。根据这些信息可确定哪些漏洞给组织带来的风险较高。这些威胁 feed 包含最新的信息，您应及时地根据它们对新发现的威胁带来的风险进行评估。威胁 feed 有很多，如 iSight Threat Intelligence、iDefense Threat Intelligence 和针对特定行业的威胁 feed（如 FS-ISAC 提供的威胁 feed），它们可能是免费的，也可能是收费的。

❑ 专用漏洞利用程序：除可公开获得的漏洞利用程序的信息（如 Exploit Database 和 Metasploit）之外，还应添置专用的漏洞利用数据（有时被称为漏洞利用工具包），虽然这种信息价格不菲，但扩大了可以与漏洞数据相匹配的漏洞利用程序的范围。有些商用威胁情报源只在灰色市场或黑市售卖其漏洞利用的研究成果，例如，一些独立研究者将其新发现的漏洞和漏洞利用程序的信息兜售给出价最高的竞价者。无论是何种数据源，专用漏洞利用程序的信息都能让您获悉原本无法获悉的漏洞利用程序，进而更好地确定漏洞数据的优先级。

❑ 网络配置：根据路由设备（如路由器、防火墙和受管交换机）提供的网络配置信息，可创建有关网络的模型。通过将这些信息（从各个子网可路由到哪些子网、可从哪些地方访问哪些端口）同漏洞和漏洞利用数据结合起来使用，可深入了解网络攻击面。例如，如果存在一个针对内部 Web 应用程序服务器的 Tomcat 漏洞利用程序，但路由器的配置表明，只能从几个有限的源 IP 地址访问这个服务器，则与从互联网都能访问这个服务器相比，这个问题就不那么严重了。您可能已经有了网络配置信息，在您有中央配置仓库（如 SolarWinds）时尤其如此，但要将这些数据与既有的漏洞数据集成起来，需要做大量的工作。有鉴于此，有些商用漏洞管理产品内置了集成网络配置的功能。

2.5　小结

通过利用本章讨论的数据来源，可向漏洞管理系统提供一系列重要的数据。表 2-1 详细说明了可从各个数据来源收集的数据。

表 2-1　漏洞管理数据来源

数据来源	重要数据
主机/端口扫描器（Nmap）	IP 地址、MAC 地址、主机名、开放端口（TCP 端口和 UDP 端口）、服务和操作系统指纹
网络漏洞扫描器	除上面列出的外，还有其他服务指纹和版本检测、网络漏洞以及本地漏洞（仅限获得授权的扫描）

续表

数据来源	重要数据
基于主机的漏洞扫描器	本地漏洞
CMDB/SCM	操作系统详情、已安装的软件详情、配置详情、设备所有者、设备和应用程序的重要性
漏洞利用数据库	漏洞利用程序的信息、漏洞和漏洞利用程序之间的映射关系
威胁情报	有关攻击者及其目标行业的情报、新发现的、升级的或广泛传播的漏洞利用
漏洞利用工具包	专用的漏洞利用程序的信息
网络配置	网络拓扑和潜在的攻击路径

第 3 章将深入探讨漏洞扫描。

漏洞扫描器

虽然漏洞管理流程还有多个其他的步骤，但通过漏洞扫描器收集的原始数据是最重要的。如果扫描器配置不正确或位于错误的位置，它将无法提供漏洞管理流程后续步骤所需的数据。

本书假定使用的是基于网络的扫描器，这种扫描器通过网络发送数据包并监听响应，以便深入了解系统。本章将讨论基于网络的漏洞扫描器的工作原理，以及如何在环境中最大限度地发挥它们的作用。

3.1 漏洞扫描器是做什么的

对于指定的每台设备，扫描器竭尽所能地获悉有关其操作系统和运行的服务的信息。扫描器根据发现的信息判断设备是否存在已知的漏洞。一旦收集完指定网络范围内每台设备存在的漏洞后，扫描器就会生成报告。这个报告包含主机列表、每台主机的各种信息和存在的漏洞，是进行漏洞分析的主要依据。

3.2 漏洞扫描器如何工作

安全管理员对扫描器进行配置，使其对特定的网络范围或独立系统（目标）进行扫描。扫描器向指定目标中的所有 IP 地址发送 ping 数据包——通过访问主机来确定哪些是活跃并做出响应的。扫描器确定哪些 IP 地址属于活跃设备后，再发送额外的 ping、开放端口的连接请求或设计好的数据包，以触发状态消息或错误响应。管理员可对扫描器进行配置，使其以更激进或更温和的方式进行探测。在较为激进的情况下，扫描器向每台设备发送数以千计的数据包，以确定哪些端口处于打开状态以及设备是哪种类型的。

确定设备是哪种类型以及它当前正运行着哪些服务后，扫描器将发送探测数据包以获悉其他的信息。例如，如果发现设备监听着 80 端口（典型的 Web 服务器端口），它就会尝试连接到这个 Web 服务器，以确定运行的是哪种 Web 服务器软件（及其版本）。扫描器将版本信息与其内部的漏洞数据库进行比对，以确定存在哪些漏洞。例如，如果设备运行的是特定软件的 3.1 版，而该软件的 3.2 版修复了一些漏洞，扫描器将报告说这台设备存在这些漏洞。另外，有些扫描器还通过测试来确定是否存在特定的漏洞，在采取了其他缓解措施以防该漏洞被利用的情况下，这种测试很有用。

扫描并非绝对准确。虽然通过指纹识别技术可确定设备运行的操作系统，但也可能存在例外。例如，通过自定义网络栈，可让设备看起来运行的是另一种操作系统；另外，不常见的操作系统可能没有明显的指纹，导致识别出的操作系统是错误的。

在漏洞发现方面，也存在类似的不确定性。例如，如果一个 HTTP 服务器报告它运行的是 Apache 2.2.0，扫描器将由此推断该服务器存在 Apache 2.2.1 才修复的漏洞。然而，系统厂商可能将这些补丁应用于定制的 Apache 2.2.0，因此系统可能并不存在这些漏洞。扫描器无法知道这一点，因此错误地指出系统存在这些漏洞。虽然能够最大限度地减少这种错误，但在网络漏洞扫描中，误报不可避免。

3.3　如何部署漏洞扫描器

在如何部署扫描器方面，需要做出的选择有很多，包括如何让它们能够访问要扫描的网络、在什么操作系统和硬件上运行扫描器以及如何配置它们使其能够在环境中发挥作用。

3.3.1　确保扫描器有访问权

扫描器在网络中所处的位置至关重要。扫描除局域网外的其他网段时，扫描器发送的数据包可能需要通过路由器乃至防火墙，而这些设备可能有禁止特定流量通过的 ACL 或防火墙规则，进而将扫描器发送的探测数据包丢弃。因此，有两大类部署扫描器的方法。

首先，可开启完全访问权，让数据包能够通过从扫描器到目标网络的路径上的所有中间网络设备。为此，可能需要避免 IPS 策略阻断来自扫描器的流量。通过开启完全访问权，可避免数据包在扫描器和目标之间被阻断，进而导致结果不正确。

其次，可安装多个扫描器：对于要扫描的每个网段，都在其本地或附近安装一个扫描器。例如，如果要扫描一个由防火墙隔离的隔离区（DMZ），可在这个隔离区中放置一个扫描器，这样它就能够直接访问要扫描的系统。这 2 种方法都有利有弊。

受限还是不受限的扫描

有一种观点认为，所有的扫描都应通过"正常的"网络环境来执行。换而言之，不应让扫描器能够访问非特权用户（被防火墙规则或 ACL 阻栏）禁止访问的任何东西。攻击者都不会有不受限制的访问权，为何要让扫描器有这样的访问权呢？然而，执行扫描时，不应尝试从攻击者的角度出发，要全面了解整个企业中存在的漏洞。如果攻击者在另一个子网中呢？如果攻击者已经攻陷了"受限"网络中的一个系统呢？扫描器必须对系统有全面的了解才能完成其任务。

1.　开启扫描器完全访问权

通过配置网络，使其接受并传递所有扫描器流量和响应，可将扫描器放在网络的任何地方，还可使用单个扫描器来扫描多个网段，从而降低搭建扫描环境的开销。然而，开启扫描器的完全访问权可能带来风险，让攻击者能够利用路由器和防火墙基础设施中的漏洞。攻击者只要攻破了扫描系统，就可使用它来访问网络的其他部分，从而更轻松地攻破其他系统。

2. 安装多个扫描器

安装多个扫描器看起来是最好的方法，既无须开放防火墙端口，也无须添加 ACL，但这种方法也有弊端。

首先，会增加搭建扫描环境的开销，因为每个扫描器都必须有专用的物理或虚拟硬件。另外，如果您使用的是商用扫描器，许可费用可能比购买硬件的费用还高。

其次，可能出现协调方面的问题：要么直接连接到每个扫描器以配置扫描并获取结果，要么使用某种分层环境，以便能够从中心位置管理各个扫描器。例如，Tenable 出品的 SecurityCenter 可用于管理多个 Nessus 扫描器，而 Qualys 提供了基于云的 QualysGuard。这种协调工作增加了部署扫描器的时间和开销。

另外，可能依然需要打开防火墙端口并修改路由器配置，以确保分析人员（或中央控制系统）能够从不同的网络位置访问这些扫描器。

3.3.2   选择操作系统和硬件

有些扫描器（如 Qualys）使用专用设备，因此您可能无法控制底层系统；但其他扫描器（如 Nessus 和 OpenVAS）都是应用程序，可在您喜欢的任何平台上运行。选择使用哪种操作系统不重要，只要您使用的扫描器支持它。您可使用自己最熟悉的平台或符合组织策略的平台。

至于硬件，当然是越强大越好。扫描器同时对多个目标做大量的测试，需要占用大量内存，因此最好优先考虑增加内存。一般而言，对于较小的网络环境来说，2 个 CPU 和 8GB 的内存足够了。内存少于 8GB 也可行，但扫描器运行期间，系统可能响应缓慢。

另外，必须配置低延迟的高速网络连接，否则网络测试将花费很长的时间，可能导致测试还未完成就已超时，进而出现错报或漏报。

3.3.3　配置扫描器

安装扫描器并将其联网后，需要根据网络环境对其进行定制。扫描器有大量的配置选项，这些选项通常被称为策略或模板，让您能够配置扫描器发送数据包的速度、要执行的测试类型等。这些选项确保扫描器返回有用的结果，同时不给网络带来过重的负担，也不给被扫描的设备带来问题。如果您有测试环境，此时正好能派上用场：配置扫描策略再扫描测试网络。如果出现问题（例如，扫描器扫描导致的网络拥塞、速度缓慢或设备故障），就调整策略，直到这些问题消失不见。确信妥善地定制了扫描器后，就可对真实环境进行扫描了。无论是否先在测试网络中进行了试验，最好都在扫描整个系统前先对真实网络的一部分扫描几次。几个系统出现问题（最好确保它们的位置相距不远）胜过必须重启整个生产数据库环境。

测试过扫描策略，为扫描更大的网络部分（乃至整个网络环境）做好准备后，想想设置扫描目标和扫描计划的最佳方式。出于几个方面的考虑，通常将扫描分解为多个易于处理的部分。如果执行一次规模非常大的扫描，可能需要很长时间才能完成（这些时间原本可用来分析从规模较小的扫描中得到的数据）。如果有多个扫描器，就需要设置扫描，让各个正确的扫描器将正确的网络作为目标。另外，对于不同的网段，执行扫描的理想时间可能也不同。对工作站 VLAN 来说，在下班后执行扫描可能不错，对有些数据中心环境来说，下班后可能也是最合适的处理时间。但对有些敏感网络和关键生产网络来说，可能只能在指定的变更窗口内执行扫描，以防出现问题，导致系统没有响应。

规划扫描时，务必将扫描计划和扫描策略告知利益相关人，并让他们参与决定合适的扫描目标和时间窗口。邀请他人尽早参与规划过程，这样即便执行扫描导致网域控制器崩溃，也不会让他们措手不及。您可不希望让 Windows 管理员找借口，将其系统排除在未来的扫描之外。要想对网络有全面的认识，在开始前，需要支持（至少是勉强地接受）扫描方案。第 6 章将更详细地讨论如何在业务环境中执行扫描和修复工作。

有些组织根本不允许定期自动执行漏洞扫描，在这种情况下，只能手工执行扫描，并让分析人员现场监控扫描过程。这样，如果被扫描的系统出现问题，替罪羊（分析人员）可停止扫描，以免系统宕机或宕机时间过长。

在对正常运行时间要求非常高且维护窗口很小的组织中，可能将实验或冗余系统（而不是实际系统）作为扫描目标。这是一系列额外的服务器（甚至是整体网络），他们的网络配置、操作系统、应用程序和补丁情况与实际系统完全相同，因此从原则上说，从测试系统获得的扫描数据完全适用于实际系统。

然而，要让系统的补丁情况完全同步可能非常困难；另外，任何配置方面的差异（例如，在实验系统中基于主机的防火墙打开的端口与实际系统中的不同）都可能导致不同的扫描结果。因此，最终的结论是，如果不对要保护的实际系统进行扫描，就无法确保结果是准确的。

3.4　获取结果

扫描器可以以多种不同的方式报告结果：纯文本文件；XML、CSV 等结构化格式；HTML 等更易于阅读的格式；RTF 或 Word 文件；PDF。对直接阅读报告而言，最后几种格式更佳，但这里专注于对机器来说易于阅读的格式，如 XML 和 CSV，这是因为运行扫描器并收集结果只是第一步，还需对这些数据进行分析，以获得有用的漏洞情报。大部分（甚至所有）扫描器都能够生成 XML 格式的输出，这也是本书用得最多的格式。但只要是计算机能够分析的任何结构化格式都可行。

3.5　小结

漏洞扫描器可能生成大量的信息，因此明白哪些信息对漏洞分析人员来说有用很重要。通过妥善地部署和配置漏洞扫描器，可确保只收集（至少是主要收集）重要的数据，并忽略无关的信息。在有些环境中，可能需要部署多个扫描器，以便从不同的角度观察网络或了解原本受到严格限制的网段。还可能将扫描分成多个部分，以便在更短的时间内获得结果，或降低整个网络出现故障（这是扫描带来的一种副作用）的可能性。

另外，还必须考虑目标网络所处的运行环境。扫描可能是侵入式的，在极端情况下，可能导致系统宕机，因此必须谨慎地实施定期的漏洞扫描。请邀请其他团队参与确定合适的扫描目标和扫描计划，以免扫描出现问题而让漏洞分析人员独自承担责任。

第 4 章将介绍如何收集和分析扫描器生成的数据，还将介绍在本书的实战中构建的、自动收集和分析数据的方法。

自动漏洞管理

本章介绍如何以编程方式收集数据以提供漏洞优先级和验证，这可节省时间，让您能够专注于其他更重要的工作（如提高组织的安全性），而不是整天盯着海量的漏洞数据。

4.1 理解自动化过程

漏洞管理自动化指的是，将来自 3 个主要数据源的信息（资产信息、漏洞信息和漏洞利用程序的信息）以及其他可获得的数据源的信息关联起来。有关这些数据源的更详细信息，请参阅第 2 章。

信息是通过 2 个共享字段关联起来的：一个是资产和漏洞数据之间共享的 IP 地址；另一个是漏洞数据和漏洞利用数据之间共享的 CVE ID/BID（BID 指的是 Bugtraq ID）。先根据 IP 地址将资产与漏洞关联起来，再根据 CVE ID 将漏洞与漏洞利用程序关联起来，结果是一个有用的数据库，指出了对于每台主机，有哪些漏洞利用程序可用来对其发起攻击，以及每个漏洞利用程序都可用来对哪些主机发起攻击等。图 4-1 说明了这个过程的步骤。

对于图 4-1 中列出的每个步骤（"结果"步骤除外），都可将其分为 2 个小步骤：收集数据；关联和分析数据。着手分析之前，必须将所有数据放在一个地方。在本书中，我们将使用 MongoDB，这是一种基于文档的数据库，擅长快速查询海量数据。不过，也可使用更传统的 SQL 数据库来完成这个过程，为此需要将后续脚本中与 MongoDB 相关的代码替换为 SQL 连接和查询。

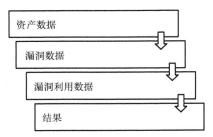

图 4-1   将信息关联起来，生成一个对漏洞分析很有用的数据库

在这个过程的每个步骤中，您都将收集相关的数据，将其导入 MongoDB 数据库并执行相关的分析。自己动手完成这个过程后，您会发现有些分析比其他分析更有用。您可据此对这个过程进行优化，将重点放在更有用的分析上，并弱化乃至剔除不那么有用的分析。

4.2   数据收集

在前述过程的第 1 个阶段（资产数据分析），找出资产以及每台主机的网络信息和运行的操作系统。

在第 2 个阶段，收集漏洞数据并将漏洞与资产关联起来，从而确定哪些主机的漏洞亟需修复。在这个阶段，重要的数据包括 CVSS 评分（它指出了漏洞的总体严重程度）、攻击向量（漏洞利用程序是本地的、远程的等）以及漏洞被利用带来的具体后果（如 DoS 或以 root 用户的名义运行代码）。

接下来，添加漏洞利用数据，进一步确定高危主机的优先级，将重点放在可被攻击者利用已知漏洞利用程序进行攻击的、面临较高风险的主机上。在分析过程的阶段，可生成报告，其中包含有用的安全相关信息，如表 4-1 所示。

表 4-1 不同的数据及相关的分析

数据	分析
资产数据	资产摘要：有关资产及其操作系统、开放端口和网络信息的报告
漏洞数据	漏洞摘要：在资产中发现的漏洞 根据 CVSS、攻击向量和后果确定漏洞的优先级：与前一个报告相同，但做了筛选，以找出特定的漏洞类型
漏洞利用数据	漏洞利用匹配及进一步确定漏洞优先级：专注于可利用漏洞或具有特定可利用特点的漏洞的报告

在任何一个阶段，都可能根据您使用的标准执行第 1 章介绍的 2 个方法——剔除法和排名法。例如，收集资产数据后，可能根据 IP 地址执行剔除过程。然而，仅当收集漏洞数据后，才能根据 CVSS 确定优先顺序。

尽早执行剔除过程可减少分析工作量，但为简化分析工作，最好在有了所有相关数据后再在一个地方执行剔除和排名过程，这样的话，如果要改变分析优先顺序，可在一个地方调整标准，而无须在漏洞管理流程的不同阶段使用的多个脚本中调整。

合并数据集并应用优先级规则后，便有了最终的成果，这是一个按风险从高到低排列的主机列表，其中指出了每台主机存在的漏洞。

4.3 自动扫描和更新

对于前面讨论的所有信息，都可手工收集。例如，您可执行临时性的 Nmap 漏洞扫描，还可人工查找有关已知漏洞利用的信息。但只有自动执行这些步骤，才能充分发挥漏洞管理系统的威力。通过设置系统，可让它定期启动扫描，这样您就不用惦记着去执行扫描了。您很可能在下班期间执行扫描，因为在此期间，额外的负载不会给系统带来性能问题。扫描将生成更新的报告，并通过 E-mail 发送或放在共享的网络位置，供您方便时查看。

　　通过调度扫描，使其定期地执行并将结果自动导入到数据库中，可确保漏洞信息始终是最新的。这个过程可确保报告被安全地自动生成，因为每周生成的报告使用的都是最新的数据。同样，通过定期地更新其他数据源（如 Metasploit 和 cve-search 数据库），可确保在报告中使用的第三方数据也是最近的。

　　在本书第二部分介绍的脚本中，您将利用 Linux/UNIX 标准调度工具（cron 守护进程）来自动收集和分析漏洞数据。为协调所有的任务（从数据收集到报告生成），您将使用 shell 脚本来依次运行不同的 Python 脚本。这样做可防止生成报告的脚本在扫描器还在收集有关环境的数据时就运行。这些脚本每周运行一次，但对您的组织来说，该将数据收集和报告生成间隔设置为多长呢？这取决于您要以什么样的频率了解组织最新的漏洞状况。

4.4　利用系统存在的漏洞

　　至此，您有了定期更新的企业视图，其中包含主机、这些主机存在的已知漏洞以及可用来对这些主机发起攻击的已知漏洞利用程序。此时，您可向系统和应用程序所有者提供按优先级排序的漏洞信息，还可再进一步，尝试对这些漏洞加以利用。

　　要想向系统和应用程序所有者提供按优先级排序的漏洞信息，只需使用漏洞管理过程的现成结果即可。要尝试利用漏洞，可查看可利用的漏洞列表，并对受影响的主机进行渗透测试，以确定它们是否是可利用的。如果是可利用的，就可进一步调整优先顺序：这个系统不仅从原则上说是可利用的，而且也是已经被利用的。

　　尝试对漏洞进行利用的方式有 2 种。首先，可引入渗透测试人员，这可以是掌握了渗透测试技能的安全分析人员，也可以是外部审计人员。其次，可引入 Metasploit，进一步扩大自动化的范围。在这里，不是从 Metasploit 获取漏洞利用程序列表，而是使用它来对可利用的主机自动发起攻击。根据您看待问题的角度，这种做法可能非常好，也可能非常恐怖。这 2 种方式都是有效的。

有些安全分析人员看到了自动漏洞管理的价值，在他们看来，尝试利用系统漏洞合情合理。既然已经有了漏洞利用程序清单和高危主机清单，为何不核实这些清单是否正确呢？

在比较谨慎的分析人员看来，利用系统漏洞后患无穷。在生产环境中实时运行漏洞利用程序的后果比执行扫描更不可预测：主机可能崩溃、网络可能阻塞，而唯一的罪魁祸首是自动化系统，因此很可能有人要遭殃。

与安全计划的其他方面一样，如何决策取决于要完成的任务以及组织的风险承受能力。如果组织宁愿因没给可利用的漏洞打补丁而遭受 DoS 攻击，那么尝试自动利用漏洞可能是不错的选择。相反，如果组织比较厌恶风险，请谨慎行事：务必获得 CIO 或同等职级高管的全面支持。

第 14 章将简要地介绍如何以这种方式将 Metasploit 集成到漏洞管理计划中，但具体怎么做（即怎么自动化）将作为练习留给您去完成。自动化是一个强大的工具，但"没有金刚钻，别揽瓷器活"，就算有了金刚钻，揽活时也要非常谨慎。

4.5　小结

本章介绍了如何将扫描器提供的原始漏洞信息变成有用的情报。通过将扫描器提供的数据同有关网络的信息、其他信息源和漏洞信息合并，可确定漏洞的优先顺序，将重点放在修复最严重的问题上。

第 5 章将介绍如何采取修复措施来改善组织的安全状况，这包括打补丁、缓解漏洞和执行系统性修改。

第 5 章

处理漏洞

如果没有想清楚要如何使用结果，所有的数据收集和分析工作都将毫无意义。

本章介绍如何使用漏洞分析结果来改善组织的安全基准，这包括三大类安全措施：打补丁、缓解措施和系统性（systemic）措施。打补丁和缓解措施都是面对漏洞的直接响应，几乎总是最迫切的，但所有安全计划的长期价值都表现在根据改进情报做出的系统性修改。还有一种选择，那就是接受既有的风险，这看起来有悖于常理，本章将讨论这种决策有可能是正确的原因。

5.1 安全措施

如果采取深度防御策略，可结合使用前面提到的所有措施。采用这种方式时，对于一个漏洞或一类漏洞，将有多种防范措施。另外，必须对这些措施进行测试，确认它们能够有效地防范漏洞利用。

5.1.1 打补丁

打补丁指的是通过更新来消除 bug 和漏洞。找出新的漏洞后，您首先要做的是确定是否有相关可用的补丁，如果有，就尽早安装它。您要尽早消除漏洞，以防被对手利用。当然，这说起来容易做起来难。打补丁可能很简单，只需在系统上运行一个更新程序即可；也可能很复杂，需要编译非官方代码、应用它并祈求能消除漏洞。诸如微软系统中心配置管理器（system center configuration manager，SCCM）等补丁管理产品可提供极大的帮助，但并非在组织的所有操作系统和所有设备中，都有可使用的中央补丁工具。另外，还可能存在其他原因，导致打补丁不可行：漏洞可能太新，开发人员还没有处理它；软件可能不再更新；对业务需求来说，机器正常运行比更新更重要。无论是哪种情况，接下来都需要考虑如何在不直接修改高危应用程序或操作系统的情况下缓解漏洞。

5.1.2   缓解措施

缓解措施是一系列措施的统称，指的是加大漏洞利用难度或降低漏洞利用后果严重程度的措施。例如，如果某个 Linux 服务器的守护进程存在漏洞，可使用防火墙来阻断这个守护进程使用的端口，以禁止任何人访问这个端口进而利用这个漏洞。当然，这种措施并非总是可行。除只在 localhost（127.0.0.1）上侦听本地连接的网络服务外，大多数网络服务都要与外部系统通信。因此，关闭它们使用的端口与禁用它们没什么两样。有鉴于此，您可能限制或禁止高危系统发起到其他内部系统的连接，这样即便攻陷了服务器，攻击者也难以在组织内部横向移动，进而攻陷更多的系统。

缓解措施分为如下相互重叠的几类。

❑ 基于应用程序的缓解措施：这些缓解措施修改了高危应用程序，以消除或减少漏洞利用的危险。例如，如果一个 Apache 模块中存在漏洞，而无法立刻打上补丁，可通过修改 Apache 配置来禁用这个模块。另一种办法是，对发送给这个模块的请求进行过滤，将已知的攻击模式排除在外。

❑ 基于主机的缓解措施：这种缓解措施是在操作系统层级（而不是应用程序中）执行的。基于主机的防火墙和诸如 SELinux 等系统工具都是典型的、基于主机的缓解措施，它们可加大修改底层系统的难度，降低漏洞利用的有效性。

❑ 基于网络的缓解措施：这种缓解措施是在网络层级执行的，它们拦截或监视前往/来自高危主机的流量。这样的例子包括物理防火墙和 IDS，它们监控着象征攻击或成功攻陷的流量。

❑ 暂时的缓解措施：有些缓解措施犹如绷带，属于暂时性的。例如，全面禁止访问高危主机可能不是永久性的解决方案，但在找到补丁或更永久性的缓解措施前，这种做法很有用。

❑ 永久性的缓解措施：对于不影响高危产品正常运行的缓解措施，通常应将其保留下来，即便底层的漏洞已经得到了解决，因为它提供了防范未来漏洞的额外安全措施，改善了系统的总体安全状况。

❑ 逻辑型的缓解措施：不同于物理型的缓解措施，逻辑型的缓解措施是在（大部分漏洞所在的）软件或网络层面执行的。

❑ 物理型的缓解措施：在有些情况下，需要采取物理型的缓解措施。例如，在有些安全环境中，禁止使用移动 USB 驱动，这旨在防范数据偷运或恶意软件的引入。为此，组织不是通过软件来禁用 USB 端口，而用环氧树脂将 USB 端口封住，从物理上杜绝 USB 设备的插入。

5.1.3 系统性措施

缓解措施旨在保护某个特定的漏洞（或某一类漏洞），而系统性措施旨在改善组织的总体安全状况。缓解措施乃亡羊补牢，而系统性措施属于未雨绸缪。您可能针对特定的威胁或漏洞采取缓解措施，但在事后或定期的安全审核中，这些缓解措施可能让您重新思考安全状态，以防范未来的同类威胁。

咱们来看一个例子。您在系统中发现了一个 MySQL 漏洞，但无法立即打补丁，因此使用内部防火墙禁止访问 MySQL 端口（TCP 3306），修改 MySQL 配置以便在一个本地套接字上监听，并在可能的情况下将 MySQL 升级到更新的版本。至此，您采取了缓解措施，还打了补丁。现在回过头来想想，为何要打开 MySQL 端口呢？也许最初就应该将其关闭。其他不受这种问题影响的 MySQL 服务器呢？它们真的需要监听远程连接吗？如果前述系统被攻陷，结果将如何呢？攻击者能够将其作为跳板发起进一步的攻击吗？考虑这些系统性问题后，您可能做更多的修改以改善环境的总体安全状况，或者至少发起有关如何调整组织策略和配置标准的讨论。

5.1.4   接受风险

第 4 个选项是什么都不做。在风险管理领域，这被称为接受风险。确定风险发生的可能性很小或带来的影响很小，因此不值得去解决时，便可接受风险。在有些情况下，这是最好的选择。但即便接受了风险，也要将这种无为而治的措施记录下来，并确保利益相关方同意这样的决策。如果审计人员来访，需要指出您考虑到了这种风险，并采取了接受风险的措施，而不是对此置若罔闻。从表面上来看，接受风险但未记录下来与未注意到的风险是一码事。

5.1.5   深度防御

应对漏洞的措施包括打补丁、缓解措施和系统性修改。深度防御指的是同时采取多种防御措施。虽然可能不能立即在关键系统中打补丁，但可立即采取缓解措施来防止漏洞被利用（至少是降低漏洞利用后果的严重性）。一旦能够给系统打补丁，便可撤销有些较为苛刻的缓解措施（如全面禁止访问受影响的服务），同时留下其他的缓解措施（如经过改进的配置）。在多个系统或整个网络环境中采取的缓解措施，可能成为系统性的改进。

深度防御的威力在于：在有多个保护层的情况下，如果一个保护层无效，另一个保护层可能能够发挥作用。更重要的是，分层防御可保护未被发现的漏洞。如果出现了新的 MySQL 零日漏洞，同时马上出现了针对这个漏洞的利用程序（但要求能够直接访问），那么既有的、只允许受信任的主机访问的措施将让您有足够的时间来打上补丁。

5.1.6 对措施进行验证

打上补丁、采取缓解措施或执行系统性修改后，最后一步是验证这些措施的存在和有效性。换言之，需要对这些措施进行测试。对于缓解措施和系统性修改，可通过再次扫描来验证其有效性：如果扫描器不再报告相关的漏洞，就说明缓解措施或系统性修改是有效的。在有些情况下，手工测试是最佳的选择，在缓解措施或其他修改的效果比较微弱时尤其如此。例如，如果在 Secure Shell（SSH）中禁用了特定的登录选项，漏洞扫描器可能难以确定这一点，但可使用精心创建的测试用例来验证这种修改。

打补丁的验证看起来很简单。如果能够确定补丁打上了，就意味着漏洞消除了，对吗？但实际情况是，打补丁并非总是能够完全解决问题。厂商提供的补丁（尤其是非官方补丁）可能不完整、不能正确地安装、缺失针对某些系统的补丁或者还可能给系统带来其他问题，因此需要撤销。对于打补丁的情况，最好像其他缓解措施那样，通过主动测试来确定其有效性。

可使用既有的工具来验证措施的有效性，方法是在采取措施前后都对系统进行一次漏洞扫描。如果您这样做，将看到两次扫描的结果是不同的。假设在您部署的 MySQL 中，存在一个远程代码执行漏洞，而系统所有者宣称他安装了补丁以消除这个漏洞。如果此时再对系统进行扫描，结果应表明这个漏洞已不复存在；如果这个漏洞依然存在，就表明没有正确地安装补丁、根本没有安装补丁或补丁不管用。如果采取的缓解措施是限制到本地主机（localhost）的 MySQL 数据库连接，扫描结果将指出，在系统的公共网络接口上，MySQL 端口不再处于打开状态。

然而，如果采取的缓解措施是限制到本地网络的 MySQL 连接，扫描结果将与以前没什么不同。在这种情况下，需要根据既有缓解措施或系统性措施的目的去设计测试方法。就这个示例而言，可能是从本地网段外再次执行扫描。

虽然措施验证方法的全面讨论超出了本书的范围，但一般性原则很简单，那就是对于任何措施，都不要想当然地认为它管用。对于采取的任何措施，都务必进行测试，确认它解决了相应的漏洞。

5.2   小结

本章粗略地介绍了发现环境存在漏洞后可采取的措施。采取什么样的措施来保护漏洞取决于目标系统，这可以是直接措施、系统性措施或只是记录下来（在接受风险的情况下）。

第 6 章将介绍如何在组织内部将这些措施付诸实施，从而永久性地改善系统的安全状况。

第6章 组织支持和办公室规则

搭建漏洞管理环境并编写脚本后，便可获得有关网络中的设备存在的可利用漏洞的宝贵信息，还可根据这些信息来采取行动，以改善组织的安全状况。在小型组织中，您可能既是安全分析人员，也是系统管理员，给高危系统打补丁的工作也由您负责，这就万事大吉了。但在大型组织中，这个问题更复杂，与业务的关系更紧密，因此您必须与其他 IT 人员打交道。另外，您还可能需要知道如下情况：下一个更新窗口；由谁负责更新；最重要的是，系统或应用程序所有者为何要安装补丁，以便解决您发现的漏洞。

本章重点介绍人-数据接口（Human-data Interface）。要利用分析结果来改善组织的安全状况，需要牢固地掌握人际互动以及组织的结构和规则。这是漏洞管理过程中以人为中心的部分，不涉及任何脚本，但这里有一些指导原则，可帮助您尽可能平稳地完成这个步骤。

6.1 平衡相互矛盾的优先事项

安全分析人员的工作可能很难做，您明白需要做什么来改善组织的安全状况，但并非总是仅凭一己之力就能将问题解决。相反，您必须同其他团队和个人合作，而这些人在优先事项方面的看法与您可能不一致。为确保业务得以平稳进行，每个人都各司其职：您改善安全状况，系统管理员和数据库管理员（DBA）确保系统正常运行，而应用程序所有者确保程序正常运行。从宏观的角度看，所有人的目标都是一致的。但从微观的角度看，这些不同的目标可能发生冲突。

假设有一位安全分析人员，他发现了为数不多的几个漏洞，而这些漏洞根据组织的标准属于严重级的。在这些漏洞中，有一个已知漏洞位于 Windows 内核，攻击者无须通过身份验证就能远程利用它。这个漏洞存在于一个对组织运营来说至关重要的数据库服务器中。这台机器由一位 Windows 管理员负责，其中的 SQL Server 实例由一位 DBA 负责，而使用该数据库的应用程序由一位经理负责。

在这个示例中，安全分析人员应考虑 3 个因素。首先是组织的结构，如果这 3 个人都是某高管的下属，安全分析人员应先与这位高管交流。其次，这样做之前，安全分析人员应考虑组织的规则。直接与高管交流可能不符合组织的规则，如果是这样的，那么下一步就是提高问题的层级。第三也是最重要的是，安全分析人员应考虑组织的策略。如果有现成的安全问题策略，那就太好了，安全分析人员可按这个策略办。如果组织没有这样的策略，应考虑制定一个。这对当前的情况（业务关键数据库服务器中存在一个关键的漏洞）虽然没有帮助，但可为未来提供重要的先例。

安全分析人员想解决漏洞，以消除易受攻击的点，进而改善组织的总体安全状况，但别忘了从系统管理员的角度考虑这个问题。给 Windows 内核打补丁意味着可能必须重启系统，而重启意味着停机。另外，如果补丁有问题（在微软提供的补丁中，有多个补丁导致了严重问题，甚至导致整个系统崩溃），停机时间将更长，如果系统需要手工恢复，将进一步延长停机时间。即便您的建议是采取缓解措施，如锁定服务或阻断端口，这些措施也可能导致意料之外的系统问题。

在解决问题方面，系统管理员持非常谨慎的态度，因为这有悖于他们的首要目标。同样，DBA 和应用程序所有者也担心打补丁和缓解措施导致的停机和意料之外的后果。如果这 3 个人都反对采取行动，问题很可能被暂时甚至永久性搁置。再强调一遍，每个人的首要目标都没错，但为实现首要目标而采取的战术却是相互矛盾的。

6.2　获得支持

长远地看，解决所有人的问题的方案很简单：加强信息安全和风险管理。如果组织存在合理的策略和决策流程，便可达成一致的首要目标，进而按风险管理策略解决问题。如果组织的首要目标是正常运行时间，那么可能就暂时不要打补丁；如果组织的首要目标是系统安全，那么正常运行时间就要为之让路。

然而，在很多组织中，这些流程和策略要么不完整，要么根本没有，安全分析人员必须自己寻找解决问题的途径。接下来的小节提供了一些策略，可帮助安全分析人员绕过所有的组织壁垒，将漏洞管理过程中发现的首要问题消弭于无形。

6.2.1　将心比心

您可能过于执迷于有关自己如何保护组织的看法，而忘却了其他人也有同样合理的看法。试图说服他人接受您的看法时，请站在他们的角度去搞明白他们想要的是什么。与 Windows 管理员交流时，要认识到他们的目标是确保系统正常运行，因此可提醒他们说，虽然打补丁会带来一定的停机时间，但您能够控制停机时间并在合适的时间完成这项工作。另外，别忘了提醒他们，如果攻击者通过未打补丁的漏洞攻陷了服务器，将出现意料之外的停机时间，而且可能很长。DBA 和应用程序所有者关心的是数据完整性和机密性，因此可指出漏洞可能导致数据操纵、破坏和泄露，这可能足以让他们相信，为加强数据保护，停机一段时间是值得的。

将心比心并非在任何情况下都管用，在有些情况下，需要采取进一步的措施，但倾听别人的观点并给予理解，很可能能够避免很多麻烦，甚至找到支持改善安全状况的同盟军。

6.2.2　让利益相关方尽早参与

我们都知道没有参与的决定被强加于自己是什么感受，在决定可能给我们带来负面影响时尤其如此。漏洞扫描和修复影响到的人很多，包括系统管理员、应用程序开发人员、应用程序所有者、终端用户等。请不要独自执行整个漏洞管理过程，再发出一系列指令，而应尽早要求他人参与这个过程。如果您回应了利益相关方关切的问题，他们就可能更加支持您的建议或指令，即便您经常驳回他们的意见。

6.2.3   明白办公室规则

技术人员常常试图回避办公室规则，他们更愿意将工作做好，而不关心谁跟谁走得近、谁刚拿下了一个大订单等。然而，忽略这些问题并不能让它们消失：它们实实在在且影响巨大。知道该与谁接洽以及如何接洽有助于艰难或有争议的行动（像是将服务器下线以便打补丁）获得批准。知道推进这种行动会惹怒谁也很重要。诚然，您可能暂时在是否要打补丁或采取缓解措施的战争中取胜，但几个月后，您可能发现自己让一位系统管理员站在了对立面，事事与您做对。

从很多方面说，这种办公室策略不过是更进一步的将心比心。从某种意义上说，即便是技术工作，也是社交性的，您要做的修改常常会带来社交影响。请搞清楚组织的官方和非官方结构，再站在同事的角度考虑这些结构，这将有助于理解同事对您提议的行动的看法。

6.2.4   使用对方能听懂的语言

只要能够将心比心，就能用对方能够听懂的语言交流。对于技术人员，如服务器管理员和 DBA，从技术角度同它们讨论正常运行时间、补丁等级和漏洞利用程序是可行的；但对于从事业务的人员，如果这样与他们讨论，他们就可能对您不理不睬。请了解他们关切的问题和使用的标准，再尽可能有针对性地调整措辞。应用程序所有者或其他专注于业务的人员可能更关心投资回报；如果对方参与了风险管理，交流时就使用风险控制术语。通过使用他们喜欢的语言表达您的观点，可表明您知道他们关切的问题，并愿意在做出结论时从他们的角度考虑。

6.2.5   寻求高层支持

要让与安全相关的行动获得支持，最有效的方式是得到关心组织安全的首席型（C-level）高管的批准。然而，即便您足够幸运，能够与 CIO、CTO、CFO 或审计官说上话，也不能滥用这种特权：安全问题并非他们唯一关心的首要问题。另外，您必须明白，如果您动不动靠跨级汇报来达成目的，只会带来更多的矛盾。如果您所在的组织有首席信息安全官（CISO），您将处于非常有利的位置，可确保关切的安全问题得到组织高层的关注和理解。

6.2.6 风险管理依据

即便没有全面的风险管理计划，也可从风险管理剧本中摘除一页或多页的内容，将其作为漏洞必须被解决的论据。几乎在任何情况下，都可使用下面这个简单的公式：

$$风险 = 可能性 \times 代价$$

要估算不良事件的总体风险，需要考虑 2 个维度，一是这个事件发生的可能性，二是这个事件发生时，将让组织付出多大的代价。咱们继续使用前面提到的示例：数据库服务器存在已知的漏洞。假设您在一家公司工作，而这家公司拥有黑客们很想得到的数据。攻击得逞时，公司将付出的代价极高，而攻击得逞的可能性也非常高，专用数据放在高危服务器中时尤其如此。因此，如果不解决这个漏洞，面临的总体风险极高。相反，如果您要给这个漏洞打补丁，必须考虑出现糟糕结果（崩溃、应用程序不兼容等）的可能性，以及出现这些结果时将付出的代价（清理时间、解决问题的雇员时间、潜在业务丢失的代价），进而估算修复该问题面临的风险。完成这两方面的估算后，便可对打补丁和不打补丁的相对风险进行比较，进而决定哪种做法对各方都是合理的。

要在不使用具体数字的情况下计算风险，一种简单的方式是使用类似于图 6-1 所示的风险矩阵。风险矩阵就是一个简单的表格，通过制定相对可能性和代价来给风险排名，让 2 种原本不同的风险的相对值更容易理解。您不用去计算可能性的确切百分比（百分比值）和代价的确切数值，而是使用 1~5 之间的值给可能性和代价排名，再根据 2 个轴上的值来计算总体风险水平。您可要求其他利益相关人参与这种风险计算，从而就各种行动的相对可能性和代价达成一致，这也使得向利益相关人解释风险更容易。

可能性	代价				
	1	2	3	4	5
1	1	2	3	4	5
2	2	4	6	8	10
3	3	6	9	12	15
4	4	8	12	16	20
5	5	10	15	20	25

■ 低风险（1～7）　　■ 中风险（8～14）　　■ 高风险（15+）

图 6-1　简单的风险计算

继续前面的示例，咱们来看两种可能行动（打补丁和不打补丁）的风险矩阵。如果打补丁，出现问题的可能性有多大呢？从历史情况看，在这个环境中，补丁导致 Windows 系统出现问题的可能性很小，因此我们将其设置为 2（相对保守）。如果出现问题，将付出的代价是什么呢？这将耗费管理员的时间——需要撤销补丁或从备份恢复。与此同时，可能失去几小时的处理时间，因为这是一个关键数据库。使用 1（可以忽略不计）～5（灾难性的）值表示时，考虑到补丁出现问题的后果比较严重但时间较短，咱们将代价设置为 3。因此，总体风险为 6，位于低风险区域。

现在来看不打补丁的情况。如果不打补丁，系统被人攻陷的可能性有多大呢？这是一个已知漏洞，且有已知的漏洞利用程序，因此相比于没有已知漏洞利用程序的漏洞相比，被攻陷的可能性更大。然而，这个漏洞位于一个受保护的网段，其中采取了一些缓解措施。我们将可能性设置为 3。代价呢？这个数据库中的数据是机密性的，且它运行的应用程序对公司运营至关重要。如果这个数据库只是崩溃，我们可从备份恢复，但如果数据被窃取，后果可能非常严重：公司将失去竞争优势，同时如果公众得知公司受到攻击，将给公司的公共形象带来极大的负面影响。因此，我们将代价值设置为 5，这样总体风险将为 15。相比于打补丁，什么都不做的风险更高，因此正确的做法是打补丁。

使用这些风险计算，可做出比行动还是不行动更复杂的决策。有关信息安全风险管理的全面讨论不在本书的范围之内，在下面两种情形下，风险计算可能也很有用。

❑ 权衡采购新安全硬件或软件的开销和好处：如果采购一款工具需要 150000 美元，但如果不解决可以被缓解的风险，可能付出的代价只有 10000 美元，那么采购这款工具就不是好的投资。

❑ 估算各种攻击者可能带来的损害并考虑可用的反制措施：如果攻击者属于机会主义罪犯，那么合理的选择可能是先考虑（或只考虑）防范不那么尖端的攻击者，以最大限度地提高安全投资的效益；如果攻击者是高端黑帽黑客，就必须采取更尖端（更昂贵）的反制措施。

6.3　小结

安全从业人员常常责任重大，且几乎没有任何正式的权力。相比于将每场安全事故都作为对抗组织其他人员的孤立战斗，通过在内部建立关系并实施安全措施（打补丁、采取缓解措施或执行系统性修改），提供更有力的证据，可取得更大的成果。从长远看，获得高管对 IT 风险管理计划的支持大有裨益。另外，利用风险管理概念可提供更有力的证据。

本书第一部分到这里就结束了。这部分简要地介绍了漏洞管理过程、漏洞管理过程包含的步骤和涉及的任务，还有如何采取有效措施来改善组织的安全状况。在本书的第二部分，您将打造本书前面一直在讨论的漏洞管理系统。

漏洞管理实战

第7章　搭建环境

要搭建完整的漏洞管理系统，必须先打基础。本章将介绍如何搭建基本的 Linux 环境、安装后面使用的工具并编写定期更新所有组件的脚本。

7.1　搭建系统

显然，第一步是搭建基于 Linux 的环境，以便能够使用基本工具来构建系统。这些基本工具包括 Nmap、OpenVAS、cve-search 和 Metasploit。

> **对硬件的要求**
>
> 对于小型网络，只需要一个 CPU 和 4GB 内存，但对于较大的网络环境，需要更多的 CPU 以及 8GB 以上内存。至于存储空间方面，对于小型网络环境，50GB 的磁盘空间足够了，但大型 MongoDB 实例需要占用大量的磁盘空间，因此请考虑将磁盘空间增加到 250GB 以上。

7.1.1 安装操作系统和包

本书将使用下面列出的软件。在大多数 Linux 发行版中，已经安装好了很多包，要安装其他的包，可使用系统自带的包管理器。在 Ubuntu 和其他基于 Debian 的系统中，包管理器为 apt；在基于 Redhat 的发行版中，包管理器通常为 yum。

- Linux（本书使用的是 Ubuntu 18.04 LTS）。

- Python 3.3 或更高的版本（这是 cve-search 的要求）。

- MongoDB 2.2 或更高的版本，以及 MongoDB 开发头文件（development header），这些包的名称随发行版而异。在 Ubuntu 中，它们分别名为 mongodb 和 mongodb-dev。

- SQLite 3（这是 OpenVAS 的要求）。

- Nmap。

- pip3（用于安装其他的 Python 包；在 Ubuntu 中，这个包名为 python3-pip）。

- Git（供 cve-search、Metasploit 和 Exploit-db 使用）。

- libxml2-dev、libxslt1-dev、zlib1g-dev（供 cve-search 使用）。

- jq（用于 JSON 解析）。

- cURL（用于下载文件和脚本）。

- psql（PostgreSQL 客户端；用于手工查询 Metasploit 框架数据库）。

具体使用哪个 Linux 发行版由您决定。使用预置的虚拟机映像可节省一点时间，但建议手工安装 Linux，以便根据需要进行定制。

本书建议创建一个具有 sudo 特权的专用用户（将其命名为 vmadmin），用来运行后面创建的脚本，这样可避免通过 root 用户来改善系统的安全状况。

7.1.2　定制系统

要根据具体情况进行系统定制，可添加更多的扫描器（在独立的物理或虚拟硬件中），并对它们进行配置，使其将报告发送到集中位置。还可将 MongoDB 实例放在独立的机器或共享服务器中。也可使用其他数据库（而不是 MongoDB），但必须对脚本做相应的修改。

通过将这些包部署到一个紧凑型单板系统（如树莓派）中，搭建手掌大小的漏洞扫描系统，并将其作为移动漏洞管理工具，可以在不同的地方使用。

也可以使用其他 UNIX 型操作系统，如 BSD 或商用 UNIX（如 Solaris），还可使用 Windows 系统（只要安装了合适的工具，如 Python 和 MongoDB）。但收集所有的依赖包可能是件麻烦事。在较新的 Windows 10 版本中，如果安装了 Linux 子系统，便可使用标准的 Ubuntu 包。

7.2　安装工具

搭建基本的 Linux 系统后，下一步是安装搭建漏洞管理系统的主要工具：OpenVAS、cve-search 和 Metasploit。

注意
在本书中，提示符#表示执行命令时必须是 root 身份或通过 sudo 获得了 root 特权。

7.2.1　安装 OpenVAS

OpenVAS 是一个开源的漏洞扫描器，它是在 Nessus 变成闭源时从 Nessus 衍生而来的，当前由 OpenVAS 社区和 Greenbone Networks 股份有限公司负责维护。

1.　安装包

OpenVAS 没有包含在标准 Ubuntu 仓库中，因此需要在受信任的 Ubuntu 列表中添加一个自定义仓库。这里将使用 Mohammad Razavi 构建的 OpenVAS 仓库。

首先，要获取这些包，请在 apt 软件源中添加如下仓库信息：

```
# add-apt-repository ppa:mrazavi/openvas
```

接下来，更新 apt，让它知道 OpenVAS 软件位于这个自定义仓库中：

```
# apt-get update
```

然后，下载并安装 OpenVAS。下载的文件包含大约 100MB 的数据，因此总共将占用大约 500MB 的磁盘空间：

```
# apt-get install openvas9
```

2.　更新 OpenVAS

安装这个包后，运行程序清单 7-1 所示的设置脚本，以同步 OpenVAS 扫描时使用的数据。必须以 root 用户的身份运行这些脚本。

程序清单 7-1　将 OpenVAS 准备就绪

```
# greenbone-nvt-sync
# greenbone-scapdata-sync
# greenbone-certdata-sync
# service openvas-scanner restart
# service openvas-manager restart
❶ # openvasmd --rebuild --progress
```

重新构建工具❶可能需要很长时间才能运行完毕，这很正常。

编辑 Redis 配置，OpenVAS 扫描器守护进程将使用它来存储临时结果。编辑 /etc/redis/redis.conf，将其中所有形如 `save xx yy` 的行（如 `save 900 1`）注释掉，再重启 Redis（`# service redis-server restart`）和 OpenVAS 扫描器（`# service openvas-scanner restart`）。

注意

前面的安装和更新说明针对的是 Ubuntu 上的 OpenVAS 9，之后版本的安装和更新方法可能与此不同。

3. 测试部署情况

访问 https://<*your-ip-address*>:4000，如果一切正常，将看到 Greenbone Security Assistant 登录页面。默认的 Greenbone 登录账户和密码均为 admin。登录后，在各个地方单击鼠标，以熟悉界面；另外，别忘了修改默认登录凭证，以提高安全性。安装和执行扫描有点复杂，第 8 章将深入介绍 OpenVAS 和 Greenbone 扫描选项。

7.2.2 安装 cve-search

cve-search 工具是一系列 Python 脚本，由一个 MongoDB 数据库提供支持，这个数据库包含大量可公开获得的漏洞信息，这些信息来自官方 CVE 数据库。在大多数情况下都将使用 cve-search 数据库（而不是前端工具），但在手工搜索漏洞时，这些实用工具可能很有用。

1. 下载 cve-search

可从 cve-search 网站下载.zip 或.tarball 格式的 cve-search 压缩文件，再解压缩，也可使用 Git 直接从开发者的在线仓库中直接获取。不同于本章列出的众多命令，这里的代码可以以普通（非特权）用户的身份来运行。下面的命令将 cve-search 工具安装到目录./cve-search 中：

```
$ git clone https://github.com/cve-search/cve-search.git
```

2. 通过 pip 安装依赖包

为满足 cve-search 要求的所有前提条件，可使用 pip3 工具来安装必要的包，这些包是在 cve-search 自带的文件 requirements.txt 中指定的。为此，可执行下面的命令，但这样做之前务必确保安装了 libxml2-dev、libxslt1-dev 和 zlib1g-dev 包（在您使用的 Linux 发布版中，这些包的名称可能不同）：

```
$ cd cve-search; sudo pip3 install -r requirements.txt
```

如果这个命令不管用，看看安装过程中的什么地方出错了，再做必要的修改并重试。可能需要通过 Linux 发布版中的包管理器来添加其他包。

3. 填充数据库

最后，需要使用程序清单 7-2 所示的命令创建并填充 MongoDB 数据库，这个数据库将作为 cve-search 工具的数据存储空间。在这个程序清单中，第 2 个和第 3 个脚本可能需要很长时间才能运行完毕。

程序清单 7-2   创建并更新 CVE 数据库

```
$ ./sbin/db_mgmt_json.py -p
Database population started
Importing CVEs for year 2002
Importing CVEs for year 2003
Importing CVEs for year 2004
Importing CVEs for year 2005
--snip--
```

```
$ ./sbin/db_mgmt_cpe_dictionary.py
Preparing [#############################################] 194571/194571
$ ./sbin/db_updater.py -c
INFO:root:Starting cve
Preparing [#############################################] 630/630
INFO:root:cve has 120714 elements (0 update)
INFO:root:Starting cpe
Not modified
--snip--
INFO:root:
[-] No plugin loader file!
```

4. 测试 cve-search

安装好工具并填充好数据库后，尝试执行一个简单的搜索，看看这个 CVE 数据库中包含什么样的信息。执行命令`./bin/search.py -c CVE-2010-3333 -o json|jq`，可以查找有关 CVE-2010-3333 的信息，这是 Microsoft Office 中的一个栈缓冲区溢出漏洞。通过将这个命令的输出作为 jq 的输入，可将 JSON blob 转换为更容易被阅读的格式。有关 CVE 信息，将在第 8 章进行更详细地介绍。

7.2.3 安装 Metasploit

Metasploit 框架工具包含大量漏洞利用程序以及一个可脚本化的 Ruby 环境，让您能够自动执行重复或复杂的漏洞利用任务。这一步是可选的，因为即便不使用 Metasploit，几乎也可构建整个系统。

1. 安装 Metasploit 框架

要在 Linux 系统中部署 Metasploit 框架，最简单的方式是使用安装脚本，其网址为

https://github.com/rapid7/metasploit-framework/wiki/Nightly-Installers/。这个脚本可安装合适的 Metasploit 仓库，并与包管理系统（如 yum 和 apt）集成。另一种方式是克隆这个 Git 仓库，并使用它来直接构建框架。本节使用的是安装脚本。

请以 root 用户的身份执行下面一长串命令，以下载并运行最新版的安装脚本（msfinstall），这个脚本将先把 Metasploit 仓库添加到 apt 中，再安装 Metasploit 框架：

```
# curl https://raw.githubusercontent.com/rapid7/metasploit-omnibus/master/config/templates
/metasploit-framework-wrappers/msfupdate.erb > msfinstall && chmod 755 msfinstall &&
./msfinstall
```

如果您要更细致地控制每个步骤，就请按前述 Github URL 中的说明去做。

2. 完成安装并进行测试

以 root 用户的身份执行命令 msfconsole，完成安装。

```
# msfconsole
```

安装好 Postgres 数据库后，会显示提示符 msf >，让您能够探索 Metasploit 框架。例如，如果想知道 Metasploit 中是否有针对 2014 "心脏出血（Heartbleed）" 漏洞的利用程序，可搜索 CVE-2014-0160，如程序清单 7-3 所示。

程序清单 7-3　Metasploit 搜索结果

```
msf > search cve-2014-0160
[!] Module database cache not built yet, using slow search
Matching Modules
================

 # Name Disclosure Date Rank Check Description
 - ---- --------------- ---- ----- -----------
```

```
❶ 0 auxiliary/scanner/ssl/openssl_heartbleed      2014-04-07
  normal Yes    OpenSSL Heartbeat (Heartbleed) Information Leak
❷ 1 auxiliary/server/openssl_heartbeat_client_memory 2014-04-07
  normal No     OpenSSL Heartbeat (Heartbleed) Client Memory Exposure
```

有 2 个漏洞利用程序（❶和❷）与这个漏洞匹配，它们都可用来攻击存在漏洞 CVE-2014-0160 的系统。由于这里介绍的是如何安装 Metasploit 框架，因此将漏洞利用作为练习留给您去完成。Metasploit 中包含漏洞利用程序代码，因此使用 Metasploit 向系统发起攻击时，可能导致严重问题，包括但不限于系统崩溃。所以，请仅在获得授权时，再尝试使用它来发起攻击。

7.2.4　定制工具

如果您使用的 Linux 发行版没有预置的 OpenVAS 包，可从源代码中安装 OpenVAS。这样做的话，您将有机会根据您的环境定制 OpenVAS。

虽然本章安装的是 OpenVAS 9，但也适用于更早的版本（而且可能更容易找到）。不同版本的 XML 输出格式可能不同，因此如果您使用的是不同的版本，可能需要对脚本进行修改。

如果要让其他用户能够使用 cve-search 工具，可将 cve-search 脚本安装到其他位置，方法是将相应的 Git 仓库克隆到其他位置。

通过手工安装 Metasploit，可更好地控制它使用的其他包（尤其是 Ruby 和 PostgreSQL），还可更全面地定制部署。

7.3　确保系统是最新的

安装好所有的软件后，需要确保它们是最新的。本节介绍如何编写适合定期运行的更新脚本。

7.3.1　编写自动更新系统的脚本

首先，创建一个 bash 脚本，它将对前面部署的工具运行更新脚本。这样，每当要更新工具链时，无需运行大量不同的更新脚本，只需运行一个脚本就可以了。更重要的是，可将这个脚本添加到系统调度器（cron）中，这样它就能定期地自动运行。

将程序清单 7-4 所示的代码保存为文件 update-vm-tools.sh。

程序清单 7-4　一个简单的系统更新脚本

```
❶ #!/bin/bash
❷ CVE_SEARCH_DIR=/path/to/cve-search

❸ LOG=/path/to/update.log

   # this clears the log file by overwriting it with a single
   # line containing the date and time to an empty file
❹ date > ${LOG}

❺ greenbone-nvt-sync >> ${LOG}
  greenbone-scapdata-sync >> ${LOG}
  greenbone-certdata-sync >> ${LOG}
  service openvas-scanner restart >> ${LOG}
  service openvas-manager restart >> ${LOG}
  openvasmd --rebuild >> ${LOG}

❻ ${CVE_SEARCH_DIR}/sbin/db_updater.py -v >> ${LOG}

❼ apt-get -y update >> ${LOG}

❽ msfupdate >> ${LOG}

❾ echo Update process done. >> ${LOG}
```

#!指出这是一个 bash shell 脚本❶，当您运行这个脚本时，系统就知道该使用哪个解

释器。变量 CVE_SEARCH_DIR❷指出了 cve-search 在系统中的路径，而变量 LOG❸指向一个日志文件，这个文件的开头为当前日期❹。所有更新命令的输出都将被写入到这个日志文件中。

这里使用了程序清单 7-1 中同步 OpenVAS 的命令来更新它❺。请检查您安装的 OpenVAS 版本，以确保文件可执行且路径都正确无误。接下来，运行 cve-search 更新脚本，这里使用了存储在 CVE_SEARCH_DIR 中的值来引用 cve-search 在系统中的实际路径❻。为了在更新 OpenVAS 包的同时更新底层 Linux 系统，使用标志-y 执行完整的系统更新，这样更新时便不会向用户确认，因此能够在没有人工干预的情况下运行❼。如果使用的 Linux 系统不是基于 Debian 的，更新命令可能不同。例如，基于 RPM 的系统（如 Redhat）使用 yum 来更新。然后，使用 Metasploit 自带的脚本 msfupdate 来更新它❽，并将文本 Update process done 写入日志文件❾。

使用下面的 chmod 命令将这个脚本设置为可执行文件：

```
# chmod +x update-vm-tools.sh
```

现在，可随时运行这个脚本以更新漏洞管理工具链了。

7.3.2　自动运行脚本

有了单个更新脚本后，便可将其添加到 crontab 中，以定期地运行。如下命令设置让它在每个周日的凌晨 4 点运行，但您可改为其他时间。

以 root 用户的身份编辑/etc/crontab，在这个文件末尾添加如下行：

```
0 4 * * 7 root /path/to/update-vm-tools.sh
```

很多 Linux 发行版都有这样的目录，可以使用 cron 定期地运行其中的可执行文件，例如，Ubuntu 在每个周日的上午 6 点运行目录/etc/cron.weekly/中的所有脚本。如果要使用这种方法，只需将更新脚本存储到这个目录中或创建一个指向它的符号连接（symlink）。

要核实这个脚本是否成功地运行了，可查看更新脚本生成的日志文件（程序清单 7-4 中的*/path/to/update.log*❸）以及每个更新脚本的输出。

7.3.3   定制脚本

为方便起见，本书将数据更新部分和应用程序更新部分放在了一个脚本中，但您可能想将数据更新部分和应用程序更新部分分开，为此可手工执行 apt 更新，或将 apt 更新和其他更新脚本放在不同的计划中。您还可以修改 apt-get 命令，使其只更新 Metasploit 和 OpenVAS，并以手工方式执行完整的系统更新。

在后面的章节（尤其是第 12 章），将介绍定期地运行收集和分析数据的脚本。设置这些脚本的运行时间时，别忘了它们可能与这里脚本的系统更新起冲突，因此请做合理的调度。

7.4   小结

本章完成了搭建完整漏洞管理系统的前几步——安装操作系统和底层工具，以便接下来的章节能够介绍如何编写脚本来控制它们。

第 8 章将更详细地介绍 Nmap、cve-search 和 OpenVAS，在着手通过 shell 脚本和 Python 控制它们前，先熟悉它们的特性。

第 8 章　使用数据收集工具

漏洞管理系统的目标是将有用的漏洞数据放到一个数据库中，以简化搜索、分析数据和生成报告的工作。在安装了所有的基本工具之后，数据库还是空的。

本章介绍为漏洞管理系统收集原始数据的工具，包括 Nmap、OpenVAS 和 cve-search。为熟悉每款工具，本章将介绍如何手工运行它们，以探索其配置选项、获悉可收集的数据。如果您早已熟悉这些工具，可直接跳到第 9 章，学习如何收集所需的数据并将其存储到数据库中。

8.1　工具简介

使用 Nmap、OpenVAS 和 cve-search 工具收集到的数据的某些部分是重叠的，但这些工具的用途有着天壤之别。在详细介绍命令行选项和 XML 输出之前，先来看看这三款工具在整个漏洞管理计划中所处的位置。

8.1.1　Nmap

Nmap 是一款网络发现扫描工具，最初是由人称 Fyodor 的程序员 Gordon Lyon 于 1997 年开发的。面世 20 多年来，Nmap 得到了不断的改进，现在依然是安全专家手中的核心工具。

1. 工作原理

Nmap 向特定的 IP 地址或 IP 地址范围发送不同的数据包,以收集位于那些地址处的主机的网络信息。可通过配置指定要发送什么样的数据包以及将数据包发送到哪些端口。Nmap 可缓慢而隐秘,也可快速而激进,这取决于如何配置它。

2. 强项

可使用 Nmap 来快速扫描网络范围内的主机,以发现有关活跃主机的信息:主机的地址、主机在哪个端口上提供了哪种服务以及主机运行的操作系统。

3. 弱项

虽然 Nmap 会指出主机的哪些端口处于开放状态,但它并不是漏洞扫描器。在有些情况下,Nmap 能够确定端口运行的服务器版本,但不会将这种信息与已知漏洞关联起来,也不会执行额外的测试以确定是否存在特定的漏洞。仅使用 Nmap 不足以确定主机面临着多大的风险,因此最好根据 Nmap 收集到的信息做进一步的分析,分析时可以单独使用这些信息,也可以将它们与漏洞扫描器收集到的信息结合起来使用。

8.1.2   OpenVAS

OpenVAS 是一款漏洞扫描器,它来源于 1998 年发布的早期扫描器 Nessus。2005 年,Nessus 核心开发人员创办了 Tenable Network Security 公司,并将 Nessus 变成了一款商用产品。与此同时,很多开源开发人员以 Nessus 代码库为基础,继续支持一款开源的免费扫描器,这款扫描器最终演变成了现在的 OpenVAS。OpenVAS 只是有点类似于商用产品 Nessus 的变种,它被分成很多独立的组件:扫描器、管理和调度守护进程和 Greenbone Security Assistant,其中 Greenbone Security Assistant 是一个基于 Web 的前端,让您能够轻松地配置并执行扫描。

1. 工作原理

与 Nmap 类似，OpenVAS 也向一个或多个 IP 地址发送一系列网络数据包，不同的是，OpenVAS 通过发送有针对性的数据包来确定服务的版本以及它们是否无法抵御已知的攻击。OpenVAS 还包含大量的插件，除了简单的版本检查，这些插件还执行激进的测试，以确定是否存在特定的漏洞（有关漏洞扫描器具备哪些功能的详细信息，请参阅第 3 章）。

2. 强项

OpenVAS 非常适合用来确定目标网络中的主机是否存在特定的漏洞，但与所有网络漏洞扫描器一样，它只能发现网络漏洞，而无法发现仅能从本地系统中加以利用的漏洞。在 OpenVAS 的内部数据库中，包含大量有关被发现的漏洞的背景信息，如 CVSS 评分、漏洞被利用的后果以及详尽的外部引用（这些引用包含更详细的漏洞信息）。OpenVAS 也可用来发现主机。

3. 弱项

虽然 OpenVAS 提供了主机发现功能，但其操作系统指纹识别功能没有 Nmap 那么完备，因此可能无法确定目标运行的是哪种操作系统。通过同时使用 OpenVAS 和 Nmap，可绘制出更准确的网络环境画像。

4. OpenVAS 与商用扫描器之间的差别

坦率地说，OpenVAS 扫描器是免费的，虽然其接口（无论是命令行接口还是基于 Web 的接口）实用而完备，但在有效性方面还有很大的提升空间。由于没有开发新漏洞测试的预算支持，OpenVAS 的开发工作很大程度上都交由开源社区来完成。对于较老的漏洞，它提供了很好的支持，但对新漏洞的覆盖远远谈不上全面。然而，在没有漏洞管理计划预算的情况下，这款工具极具价值。也就是说，只要有超过 1000

美元的预算，买得起商用扫描产品（如 Nessus 或 Qualys），那么首先要替换的就是 OpenVAS。

8.1.3　cve-search

使用 Nmap 和 OpenVAS 收集有关资产和漏洞的信息后，接下来要做的是引入其他数据源。cve-search 工具套件可提供完备的本地 CVE 数据仓库。

1. CVE/NVD

Mitre 公司提供的 CVE 列表是可靠的 CVE 信息源，其内容被同步到 NIST 维护的美国国家漏洞数据库（National Vulnerability Database，NVD）中，但 NVD 添加了额外的漏洞信息，如漏洞评级、补丁信息以及其他搜索选项。如果要查找漏洞信息，请首先参考这 2 个仓库，它们提供了在线搜索功能、漏洞源以及建立本地数据库镜像的选项。然而，如果您要以编程方式抓取并分析 CVE 信息，cve-search 工具可帮您节省大量时间。

2. cve-search

cve-search 套件是一系列 Python 脚本，它们从多个在线信息源（主要是 CVE/NVD 仓库）中收集漏洞信息，再将这些数据加入到一个 MongoDB 数据库中，以方便查询和分析。对那些想要自动分析漏洞数据的人来说，这个套件就是一个金矿。我们将使用 cve-search 套件来创建并维护本地 CVE 数据库，再通过直接查询这个数据库来完成分析工作，而不使用 cve-search 前端工具。但别忘了，这些工具对手工搜索漏洞信息来说很有用。

8.2　Nmap 扫描入门

本节旨在让您对 Nmap 有大致的了解。通过这款工具，可确定：

❑ 给定网段中有多少台主机；

❑ 每台主机的 MAC 地址（MAC 地址可确定底层硬件）；

❑ 在每台主机中，哪些端口处于开放状态，以及这些端口上运行着什么服务；

❑ 主机上运行的可能是哪种操作系统。

警告

对于所有涉及扫描的脚本，都必须有被授权扫描的网络范围或一系列主机。虽然使用 Nmap 扫描通常都不是侵入式的，但也可能给被扫描的系统带来问题。扫描带来的风险众多，从资源耗尽导致速度暂时缓慢，到可能需要重启系统或其他需要人工干预的严重问题。渗透测试人员执行扫描时，经常会给联网打印机带来麻烦：如果测试人员没有将打印机排除在外或预先将打印纸取出来，探测数据包可能会使打印机不断地打印垃圾内容，浪费大量的纸张。请只扫描归您所有或被授权扫描的系统。

虽然这里将执行一些扫描并介绍一些输出选项，但这些只是 Nmap 功能的冰山一角。强烈建议您阅读 Nmap 用户手册（在命令提示符下执行命令 man nmap），以了解 Nmap 的所有功能。

8.2.1 执行基本扫描

要搞清楚 Nmap 的工作原理以及使用它可收集到什么样的信息，最佳的方式是在您的网络范围内执行一次基本扫描。这里使用的地址范围是 10.0.1.0/24，它是脚本中所使用的本地测试网络。执行 Nmap 时，如果除扫描范围外没有指定其他参数，它将执行基本扫描：

```
# nmap 10.0.1.0/24
```

这个命令会扫描目标网络范围内的每个地址上的 1000 个常用端口，输出如程序清单 8-1 所示。

注意

虽然非特权用户也能执行 Nmap 扫描，但以 root 用户的身份执行时，可收集到更多的信息。例如，以非特权用户的身份执行该扫描时，不会显示如程序清单 8-1 所示的 MAC 地址。

程序清单 8-1　以 root 用户的身份执行时 Nmap 的默认输出

```
--snip--
❶ Nmap scan report for 10.0.1.4
❷ Host is up (0.0051s latency).
  Not shown: 997 filtered ports
❸ PORT     STATE SERVICE
  22/tcp   open  ssh
  88/tcp   open  kerberos-sec
  5900/tcp open  vnc
❹ MAC Address: B8:E8:56:15:68:20 (Apple)

  Nmap scan report for 10.0.1.5
  Host is up (0.0032s latency).
  Not shown: 996 filtered ports
  PORT     STATE SERVICE
  135/tcp  open  msrpc
  139/tcp  open  netbios-ssn
  445/tcp  open  microsoft-ds
  5357/tcp open  wsdapi
  MAC Address: 70:85:C2:4A:A9:90 (ASRock Incorporation)

--snip--
❺ Nmap done: 256 IP addresses (7 hosts up) scanned in 663.38 seconds
--snip--
```

不同主机的输出是分开的❶。对于每台主机，指出了它是否处于活动（up）状态、花了多长时间才联系上它❷、哪些端口处于打开状态以及这些端口上运行的服务❸、可用的 MAC（网络硬件）地址是什么❹。如果是以非特权用户的身份执行的 Nmap，或者目标设备位于另一个子网中，将不会显示 MAC 地址信息。另外，还有小结型输出，指出扫描了多少台主机以及 Nmap 扫描总共花费了多长时间❺。

即便只使用默认选项，也可对被扫描的系统有深入认识，但 Nmap 可提供更多的数据。

8.2.2　使用 Nmap 标志

可使用 nmap 命令的标志来获悉有关网络的更详细信息或调整扫描输出的格式。

1. 使用-v 获取更多的信息

标志-v 提高扫描的详细程度，这意味着 Nmap 将对它所做的事情做更详细的说明：

```
# nmap -v 10.0.1.0/24
```

一行命令中最多可添加 3 个 v 标志（也可使用-v3 表示），这将获取到更详细的信息，让您能够知道扫描的进度。例如，如果在前面的扫描命令中添加-vvv，输出将如程序清单 8-2 所示。

程序清单 8-2　在详尽的 Nmap 输出中，包含与调试和进度相关的信息

```
# nmap -vvv 10.0.1.0/24
Starting Nmap 7.01 ( https://nmap.org ) at 2020-03-04 10:42 PST
Initiating ARP Ping Scan at 10:42
Scanning 255 hosts [1 port/host]
adjust_timeouts2: packet supposedly had rtt of -137778 microseconds. Ignoring time.
adjust_timeouts2: packet supposedly had rtt of -132660 microseconds. Ignoring time.
adjust_timeouts2: packet supposedly had rtt of -54309 microseconds. Ignoring time.
adjust_timeouts2: packet supposedly had rtt of -59003 microseconds. Ignoring time.
adjust_timeouts2: packet supposedly had rtt of -59050 microseconds. Ignoring time.
```

```
Completed ARP Ping Scan at 10:43, 3.26s elapsed (255 total hosts)
Initiating Parallel DNS resolution of 255 hosts. at 10:43
Completed Parallel DNS resolution of 255 hosts. at 10:43, 0.02s elapsed
DNS resolution of 16 IPs took 0.02s. Mode: Async [#: 1, OK: 11, NX: 5, DR: 0, SF: 0, TR: 16,
CN: 0]
Nmap scan report for 10.0.1.0 [host down, received no-response]
Nmap scan report for 10.0.1.2 [host down, received no-response]
Nmap scan report for 10.0.1.3 [host down, received no-response]
Nmap scan report for 10.0.1.4 [host down, received no-response]
--snip--
SYN Stealth Scan Timing: About 10.98% done; ETC: 13:37 (0:04:11 remaining)
Increasing send delay for 10.0.1.7 from 40 to 80 due to 11 out of 27 dropped probes since
last increase.
Increasing send delay for 10.0.1.18 from 40 to 80 due to 11 out of 23 dropped probes since
 last increase.
--snip--
```

在正常情况下，这些多出来的信息对您来说可能不重要。然而，如果扫描以失败告终，那么更详尽的输出可帮助您诊断问题。

2. 使用-O 获取操作系统指纹

另一个很有用的标志是-O，它让 Nmap 查看网络流量的操作系统指纹，以确定被扫描的系统运行的是哪种操作系统：

```
# nmap -O 10.0.1.5
```

就像人有独特的指纹一样，操作系统也有独有的特征，根据这些特征可确定操作系统的版本乃至补丁等级。然而，不能保证这种信息是正确的。例如，定制的网络栈可能改变指纹，导致操作系统检测失效，而训练有素的编码人员可有意识地调整系统发送的网络流量，让人误以为系统使用的是其他操作系统。尽管如此，操作系统指纹也是资产数据库中一个很有用的数据点。

程序清单 8-3 展示了使用标志-O 时的 Nmap 扫描输出。

程序清单 8-3　包含操作系统指纹的 Nmap 输出

```
Nmap scan report for 10.0.1.5
Host is up (0.0035s latency).
Not shown: 996 filtered ports
PORT      STATE SERVICE
135/tcp   open msrpc
139/tcp   open netbios-ssn
445/tcp   open  microsoft-ds
5357/tcp open  wsdapi
MAC Address: 70:85:C2:4A:A9:90 (ASRock Incorporation)
```
❶ Warning: OSScan results may be unreliable because we could not find at
least 1 open and 1 closed port
Device type: general pupose|phone|specialized
❷ Running (JUST GUESSING): Microsoft Windows Vista|2008|7|Phone|2012 (93%),
FreeBSD 6.X (86%)
OS CPE: cpe:/o:microsoft:windows_vista::- cpe:/o:microsoft:windows_vista::sp1
cpe:/o:microsoft:windows_server_2008::sp1 cpe:/o:microsoft:windows_7
cpe:/o:microsoft:windows cpe:/o:microsoft:windows_8
cpe:/o:microsoft:windows_server_2012 cpe:/o:freebsd:freebsd:6.2
❸ Aggressive OS guesses: Microsoft Windows Vista SP0 or SP1, Windows Server
2008 SP1, or Windows 7 (93%), Microsoft Windows Vista SP2, Windows 7 SP1,
or Windows Server 2008 (93%), Microsoft Windows Phone 7.5 or 8.0 (92%),
Windows Server 2008 R2 (92%), Microsoft Windows 7 Professional or
Windows 8 (92%), Microsoft Windows Embedded Standard 7 (91%),
Microsoft Windows Server 2008 SP1 (91%), Microsoft Windows Server
2008 R2 (90%), Microsoft Windows 7 (89%), Microsoft Windows 8 Enterprise (89%)
No exact OS matches for host (test conditions non-ideal).
Network Distance: 1 hop

如果 Nmap 不能确定操作系统指纹是否准确，将明确地指出这一点❶。但 Nmap 会指出它对运行的操作系统做出的猜测❷，并列出猜测结果对应的通用平台枚举（CPE，操作系统和软件包的标准化参考）。它还会做出更激进的猜测❸——尽最大的努力确定主机使用的 Windows 版本。在这个示例中，目标系统实际运行的是 Windows 10。

3. 让 Nmap "更激进"

激进标志-A 组合了操作系统指纹识别选项以及版本检测和脚本扫描选项，与标志组合-O –sV --script=default --traceroute 等价。这将提供更为详尽的主机信息。这种扫描可能是侵入式的，被扫描的系统所有者可能将其视为有敌意的扫描。程序清单 8-4 展示了使用标志-A 进行扫描时，得到的有关前述主机（10.0.1.5）的输出。

程序清单 8-4　Nmap 激进扫描的输出

```
# nmap -A 10.0.1.5
--snip--
Nmap scan report for 10.0.1.5
Host is up (0.0035s latency).
Not shown: 996 filtered ports
PORT      STATE SERVICE       VERSION
135/tcp   open  msrpc         Microsoft Windows RPC
139/tcp   open  netbios-ssn   Microsoft Windows 98 netbios-ssn
445/tcp   open  microsoft-ds  Microsoft Windows 7 or 10 microsoft-ds
5357/tcp open  http          Microsoft HTTPAPI httpd 2.0 (SSDP/UPnP)
❶ |_http-server-header: Microsoft-HTTPAPI/2.0
  |_http-title: Service Unavailable
  MAC Address: 70:85:C2:4A:A9:90 (Unknown)
--snip--
Host script results:
|_nbstat: NetBIOS name: GAMING-PC, NetBIOS user: <unknown>,
NetBIOS MAC: d8:cb:8a:17:99:80 (Micro-star Intl)
| smb-os-discovery:
❷ |   OS: Windows 10 Home 10586 (Windows 10 Home 6.3)
  |   OS CPE: cpe:/o:microsoft:windows_10::-
  |   NetBIOS computer name: GAMING-PC
  |   Workgroup: WORKGROUP
  |_  System time: 2020-05-01T16:44:35-04:00
```

```
| smb-security-mode:
|   account_used: guest
|   authentication_level: user
|   challenge_response: supported
|_  message_signing: disabled (dangerous, but default)
|_smbv2-enabled: Server supports SMBv2 protocol


TRACEROUTE
HOP RTT     ADDRESS
1   3.53 ms 10.0.1.5
```

在这里,更激进的扫描(NetBIOS 检查)确定了主机运行的 Windows 的实际版本❷。激进扫描还可确定端口 5357 上运行的 HTTP 服务器的其他信息❶。

4. 使用-o 修改输出格式

对本节来说,一个特别重要的标志是-o,它让您能够以默认格式(-oN)、XML 格式(-oX)或 grep 可分析的格式(-oG)来输出。您还可使用标志-oS,以"脚本小子(script kiddie)"格式输出,但这是一种新奇的格式,对本书来说没什么用。

通过使用 XML 标志,可以输出某种格式的扫描结果,而该格式对支持 XML 的 Python 脚本来说易于分析。下面来扫描之前扫描过的主机,但这次以 XML 格式输出结果,相应的命令如下:

```
# nmap -oX output.xml 10.0.1.5
```

Nmap 工具在屏幕上会显示一些基本输出,但实际的 XML 输出在文件 output.xml 中,因此请查看这个文件,其内容如程序清单 8-5 所示。

程序清单 8-5　XML 格式的 Nmap 扫描输出

```
# cat output.xml❶ | xmllint --format -❷
❸ <?xml version="1.0" encoding="UTF-8"?>
```

```
<!DOCTYPE nmaprun>

<?xml-stylesheet href="file:///usr/bin/../share/nmap/nmap.xsl" type="text/xsl"?>

<!-- Nmap 7.01 scan initiated Sat Apr 4 09:26:56 2020 as: nmap -oX output.xml 10.0.1.5 -->

❹ <nmaprun scanner="nmap" args="nmap -oX output.xml 10.0.1.48"

start="1523118416" startstr="Sat Apr 4 09:26:56 2020" version="7.01"

xmloutputversion="1.04">

  ❺ <scaninfo type="syn" protocol="tcp" numservices="1000"

    services="1,3-4,6-7,9,13,17,19-26,

--snip--

    64623,64680,65000,65129,65389"/>

  <verbose level="0"/>

  <debugging level="0"/>

  <host starttime="1523118416" endtime="1523118436">

    <status state="up" reason="arp-response" reason_ttl="0"/>

  ❻ <address addr="10.0.1.48" addrtype="ipv4"/>

  ❼ <address addr="70:85:C2:4A:A9:90" addrtype="mac"/>

  ❽ <hostnames>

    </hostnames>

    <ports>

      <extraports state="filtered" count="996">

        <extrareasons reason="no-responses" count="996"/>

      </extraports>

    ❾ <port protocol="tcp" portid="135">

        <state state="open" reason="syn-ack" reason_ttl="128"/>

        <service name="msrpc" method="table" conf="3"/>

      </port>

--snip--

    </ports>

    <times srtt="1867" rttvar="254" to="100000"/>

  </host>

❿ <runstats>

    <finished time="1523118436" timestr="Sat Apr 4 09:27:16 2020"

elapsed="20.14" summary="Nmap done at Sat Apr 4 09:27:16 2020; 1 IP address (1 host up)

scanned in 20.14 seconds" exit="success"/>

    <hosts up="1" down="0" total="1"/>
```

```
    </runstats>
</nmaprun>
```

为查看这个文件的内容，使用了命令 cat❶。命令 xmllint❷设置输出的格式，通过合适的缩进使其阅读起来更容易（命令 xmllint 末尾的-让它从标准输入中获取输入，这让我们能够将前一个命令的输出作为这个命令的输入）。

开头几行❸是文件头。接下来，是一些有关扫描的基本信息，包括生成这些输出的命令行以及该命令行是在什么时间执行的❹。然后，是其他扫描参数，包括 Nmap 检查的端口❺。输出中还包含 Nmap 检测到的主机的 IP 地址❻、MAC 地址❼和主机名❽。这里扫描的主机没有主机名，如果有的话，输出将类似于下面这样：

```
<hostnames>
    <hostname name="scanme.nmap.org" type="user"/>
    <hostname name="scanme.nmap.org" type="PTR"/>
</hostnames>
```

接下来，是一些非常有趣的输出——Nmap 发现的每个开放端口的详细信息。TCP 端口 135 处于开放状态❾。怎么知道它处于开放状态呢？因为探测它时收到了一个 SYN-ACK 数据包，来自这个端口的数据包的存活时间（TTL）为 128 跳，而这个端口运行的是微软远程过程调用（Microsoft Remote Procedure Call，MSRPC）协议。输出中还包含有关扫描的全面统计信息，其中包括发现的主机数量以及扫描执行的时间❿。

8.2.3　定制

强烈建议尝试各种 Nmap 选项，找出最适合当前环境的设置以开展扫描：这意味着扫描可以生成有用的信息，同时避免网络不堪重负或给被扫描的系统带来问题。下面列出了一些应尝试的选项。

❑ 各种扫描类型：不使用默认的 SYN 扫描，而尝试使用其他类型的扫描。

❑ 扫描速度：限制扫描活动，以确保网络通畅，当通过低带宽连接进行扫描时，这一点尤其重要。

❑ 各种操作系统指纹识别选项：有些选项比其他选项更有效，这取决于扫描的设备以及网络的总体配置。

如果要执行大量不同的 Nmap 扫描，又不想反复创建冗长的 shell 命令，那么 Zenmap 很有用，它是一个图形化的 Nmap 前端。Zenmap 以易于浏览的格式提供输出，让扫描结果理解起来更容易。

8.3 OpenVAS 入门

在本节中，您将熟悉如何在 Web GUI（如 Greenbone Security Assistant）和命令行中使用 OpenVAS 来执行扫描。OpenVAS 这款工具对用户不是太友好，因此在执行扫描和分析结果前必须熟悉其选项，这很重要。

这里的讨论并非全面的 OpenVAS 教程，但将让您足够熟悉其网页和命令行界面，从而能够生成在漏洞管理系统中可使用的 XML 扫描结果。

8.3.1 使用 Web GUI 执行基本的 OpenVAS 扫描

本节介绍如何在 Greenbone 的 GUI 中执行基本的 OpenVAS 扫描，8.3.2 节将介绍如何从命令行中执行扫描。

请登录 Greenbone（https://localhost:4000/）。默认情况下，用户名为 admin，密码也是 admin，但您已经修改了这些凭证，对吗？由于 Greenbone 使用自签名的传输层安全（TLS）证书，因此浏览器可能发出警告，说这个网站是不可信任的。您只需单击鼠标直接进入登录页面。成功登录后，您将看到一个空的 Greenbone 仪表板，后面执行扫描并发现有关环境的信息时，这个仪表板将会被信息填充，如图 8-1 所示。

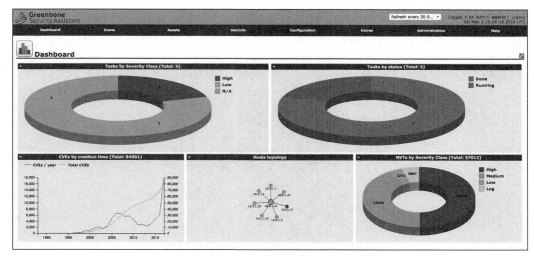

图 8-1　执行一次扫描后的 Greenbone 仪表板

在大部分时间内，您都将待在 Scans 选项卡中。在这个选项卡中，可执行扫描并查看结果。

1. 设置目标和配置

在 Tasks 选项卡中，可创建扫描任务，但在此之前，必须先在 Configuration 选项卡中设置目标和配置。

在 Configuration 选项卡的 Targets 页面中，左上角有一个小星星图标（如图 8-2 所示），Greenbone 将这种图标用作新建项目指示器。请单击这个星星图标以新建一个目标。

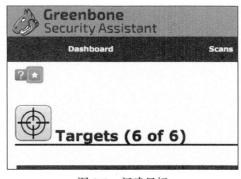

图 8-2　新建目标

单击星星图标后，将出现 New Target 配置页面，如图 8-3 所示。

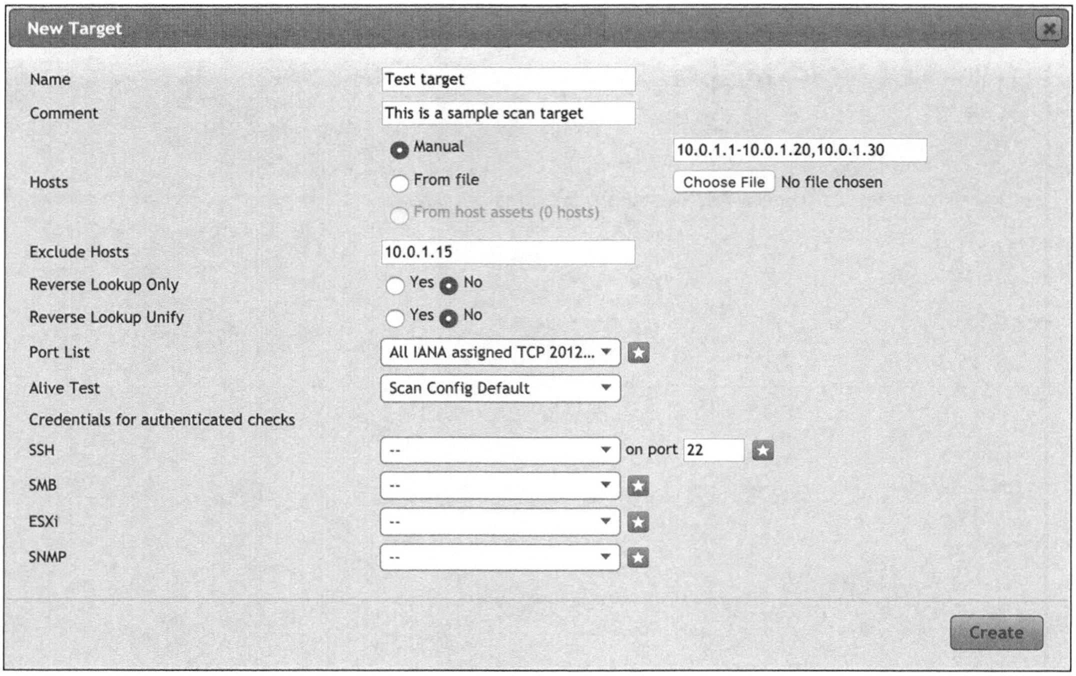

图 8-3　New Target 配置页面

这个配置窗口包含很多选项，但本节暂时将重点放在基本选项上。目标可以被命名，还可以被添加描述。最重要的选项是 Hosts 字段：请输入要扫描的主机，并用逗号分隔不同的主机。可使用下面任何一种方式来指定主机，这些方式可单独使用，也可混合使用：

❑ IP 地址；

❑ CIDR IP 范围；

❑ 用连字符指定的范围（例如，10.0.1.1-10.0.1.3 表示 10.0.1.1、10.0.1.2 和 10.0.1.3）。

在这个字段下方，是将一台或多台主机排除在外的选项，可像设置 Hosts 字段那样将不想扫描的 IP 地址排除在外。在这里，保留该页面中其他选项的默认设置，并单击 Create

按钮。

在 Configuration 选项卡的 Scan Configs 页面中，将看到一系列内置的扫描配置，如图 8-4 所示。

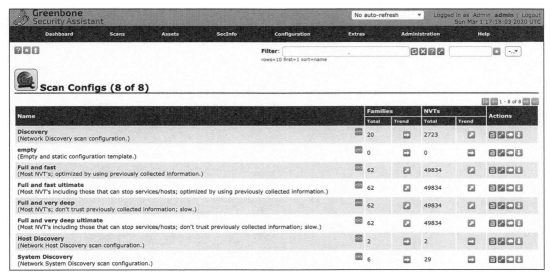

图 8-4 扫描配置

您可能想根据环境定制扫描类型，但这里使用的是 Full and fast，因为它在速度和全面之间取得了很好的平衡。

2. 创建任务

设置好目标集和扫描配置后，就可以创建扫描任务了。为此，返回到 Scans 选项卡下的 Tasks 页面，并单击左上角的星星图标以新建一项任务，这将打开类似于图 8-5 中所示的一个配置菜单。

与配置目标一样，建议您暂时尽可能少地定制，如图 8-5 所示。给这个任务命名并选择刚创建的扫描目标，在配置窗口中向下滚动，选择扫描配置 Full and fast，再单击 Save 按钮。

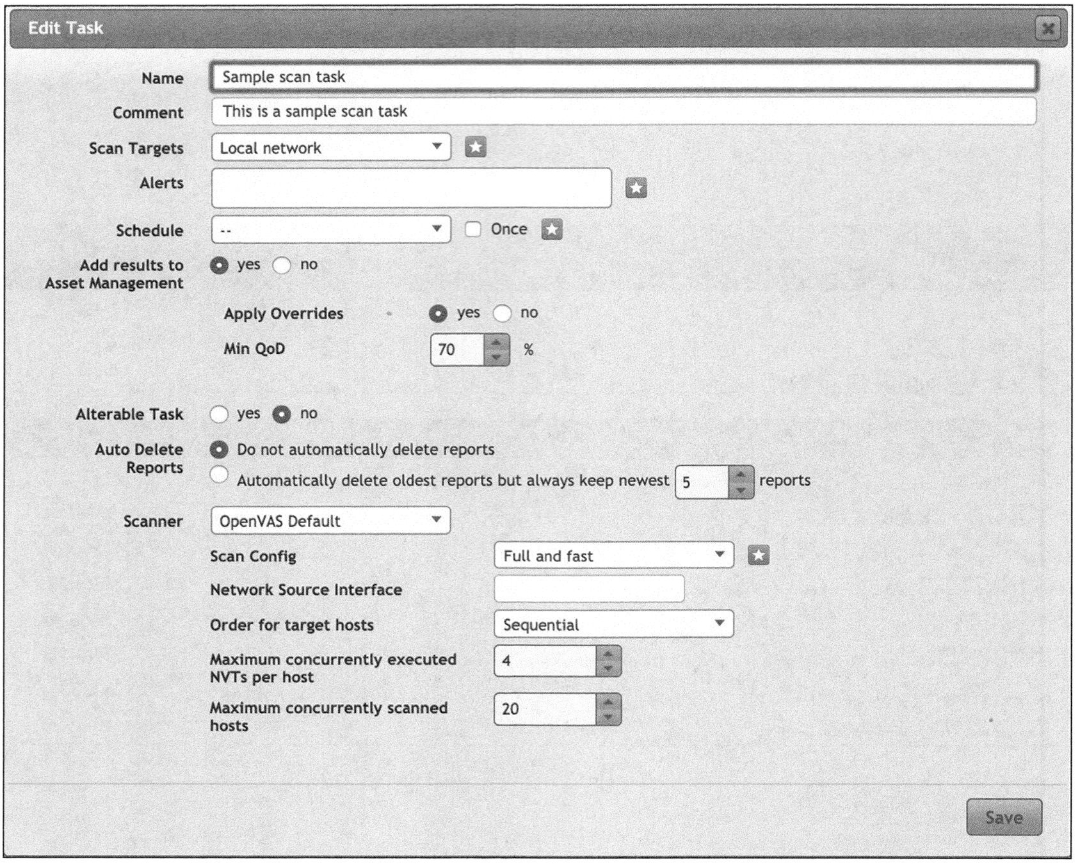

图 8-5　新建扫描任务

有一个全新的扫描任务后，可让 OpenVAS 启动它，为此可单击任务列表右边的播放按钮，如图 8-6 所示。

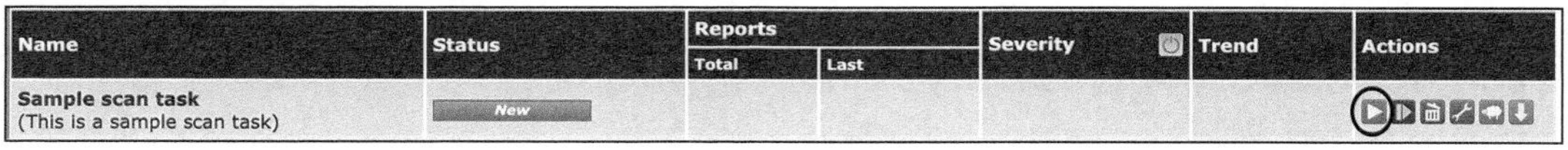

图 8-6　新建的任务

Scans 选项卡下的 Tasks 窗口将列出所有的任务，并显示各个任务的有关信息，如该任务发现的漏洞的严重程度以及该任务最后一次执行的时间，如图 8-7 所示。

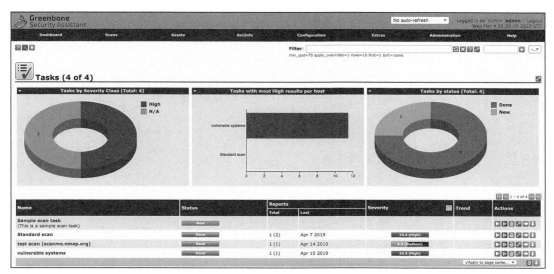

图 8-7 添加一些任务后的 Tasks 窗口

任务启动后，可在 Scans 选项卡下的 Reports 页面中查看进度。虽然扫描刚开始，但该页面中很可能已经有一些相关的信息。扫描可能需要几小时才能执行完毕，这取决于它要扫描的主机数量。

3. 导出扫描报告

报告状态为 Done 后，说明扫描已结束，可将报告导出。我们将在第 9 章中介绍如何将 XML 格式的报告导入数据库，但这样做之前得先生成报告。

在 Greenbone 中，完成这项任务的最简单方式是，在 Scans 选项卡下的 Reports 页面中导出报告。为此，在 Date 栏中单击要导出的报告，确保在下拉列表中选择了 XML 或 Anonymous XML，再单击向下的箭头图标以下载报告，如图 8-8 所示。

可在文本编辑器或 XML 编辑器中查看生成的文件。

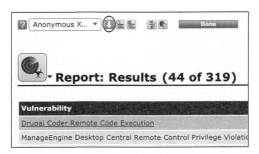

图 8-8   导出报告

8.3.2   从命令行执行基本扫描

至此，您知道了如何通过 Greenbone 的 GUI 来创建 OpenVAS 目标、任务和扫描报告，但要将自动扫描集成到漏洞管理计划中，需要使用随 OpenVAS 一起安装的命令行工具 omp。于是，可在将扫描输出加入到漏洞数据库的脚本（参见第 9 章）中调用扫描任务。

要让 omp 能够工作，需要修改 openvas-manager 和 openvas-gsd 的 init 脚本。这是为什么呢？因为打包的 OpenVAS 版本被配置成在一个 UNIX 套接字（而不是网络端口）上监听命令，而 omp 只能在网络端口上通信，因此您必须修改这个配置。为此，在/etc/init.d/ openvas-manager 中找到变量 DAEMON_ARGS，并将其修改为 DAEMON_ARGS="-a 127.0.0.1-p 9390"。

接下来，在/etc/init.d/openvas-gsa 中，将 DAEMON_ARGS 行修改为 DAEMON_ARGS= "--mlisten 127.0.0.1 -m 9390"。

然后，重新加载 init 脚本（systemctl daemon-reload），并重启 openvas-manager（service openvas-manager restart）和 openvas-gsd（service openvas-gsa restart）。

在~/omp.config 中，用户名和密码必须与您在 GUI 中指定的用户名和密码相同，而不是默认用户名（admin）和默认密码（admin）。当运行调度的作业时，将使用命令行选项-c 来指向这个配置文件，如下面的代码所示。这确保从 cron 运行 omp 时（无论是否以用户 scanuser 的身份运行它），omp 将查找到正确的配置文件。

```
$ omp -c /home/scanuser/omp.config -X "<help></help>"
```

设置好 OpenVAS 命令行工具后，下面来测试它并使用它创建一些扫描任务。

1. 测试命令行工具

OpenVAS 使用 XML 格式的输入和输出，这意味着需要使用标志--xml 或-x，并以 XML 块的方式向 omp 发送命令。

为测试 omp，可发送一个简单的命令，并验证结果是否如程序清单 8-6 所示。

程序清单 8-6　测试 omp

```
$ omp -X "<help></help>"
<help_response status_text="OK" status="200">
    AUTHENTICATE          Authenticate with the manager.
    COMMANDS              Run a list of commands.
    CREATE_AGENT          Create an agent.
    CREATE_ALERT          Create an alert.
    CREATE_ASSET          Create an asset.
    CREATE_CONFIG         Create a config.
    CREATE_CREDENTIAL     Create a credential.
--snip--
    VERIFY_REPORT_FORMAT  Verify a report format.
    VERIFY_SCANNER        Verify a scanner.
</help_response>
```

在第一行响应中，结果不是 status="200"，说明您提供的凭证可能不正确。确定提供的凭证正确后，如果还有问题，请核查第 7 章介绍的 OpenVAS 安装步骤，确保执行了 7.2.1 节中"更新 OpenVAS"小节的步骤。

2. 使用 omp 创建扫描任务

由于前面通过 Greenbone 创建了扫描目标和扫描配置，因此可在命令行中使用它们来发起扫描。请先使用 Web GUI 来创建和测试扫描目标和配置，再在命令行中调度扫描和导出报告，这样可尽量少用 XML，因此要容易得多。

注意

有关完整的 XML 命令参考指南，请访问 http://docs.greenbone.net/API/OMP/omp-7.0. html。

要查看可用的目标和配置列表，可使用命令 omp 并指定标志-T 和-g，如程序清单 8-7 所示。

程序清单 8-7　获取目标 ID 和扫描配置 ID

```
$ omp -T
❶ c8f84568-94ea-4528-b049-56f4029c1368   Target for immediate scan of IP 10.0.1.0/24
  7fc8000a-28f7-45ea-bd62-9dec89a1f679   Target for immediate scan of IP 10.0.1.1
  a6f26bd5-f1e3-4fd3-88fc-8aa65dd487bc   Target for immediate scan of IP 10.0.1.7
  206a5a14-ab30-462c-b191-440a30daeb17   Target for immediate scan of IP 10.0.1.8
  6539fd3c-871c-43ff-be9c-9768e6bebddd   test target
$ omp -g
❷ 8715c877-47a0-438d-98a3-27c7a6ab2196   Discovery
  085569ce-73ed-11df-83c3-002264764cea   empty
  daba56c8-73ec-11df-a475-002264764cea   Full and fast
  698f691e-7489-11df-9d8c-002264764cea   Full and fast ultimate
  708f25c4-7489-11df-8094-002264764cea   Full and very deep
  74db13d6-7489-11df-91b9-002264764cea   Full and very deep ultimate
  2d3f051c-55ba-11e3-bf43-406186ea4fc5   Host Discovery
  bbca7412-a950-11e3-9109-406186ea4fc5   System Discovery
```

命令 omp -T 返回一个列表，其中包含已配置的扫描目标❶及其通用唯一标识符（UUID）；命令 omp -g 也返回一个列表，但其中包含的是已配置的扫描类型及其 UUID❷。有了目标 ID 和配置 ID 后，便可使用标志-C 来创建扫描任务，如程序清单 8-8 所示。

程序清单 8-8　创建任务并获取其 ID

```
$ omp -C --target=c8f84568-94ea-4528-b049-56f4029c1368 --config=698f691e-7489-
11df-9d8c-002264764cea --name="Scan Task"
❶ dd3617ce-868f-457a-a2f8-bfb7bdb1b8ff
```

也可使用 XML 命令来完成这种任务，但使用标志-C 要简单得多。这时的响应为表示 OpenVAS 任务的 UUID。可将任务视为扫描配置和目标的组合，可通过 UUID❶来指定要启动的任务，如程序清单 8-9 所示。

程序清单 8-9　启动任务

```
$ omp --start-task dd3617ce-868f-457a-a2f8-bfb7bdb1b8ff

<start_task_response status_text="OK, request submitted" status="202"><report
_id>4dc106f1-cf3a-47a1-8a71-06b25d8d2c70</report_id></start_task_response>
```

任务执行完毕后，要想查看结果，需要知道其 report_id。要确定扫描是否正在执行，最简单的方式是查看 Greenbone 中的 Tasks 页面。在这个页面底部的表格中，列出了正在执行的任务，如图 8-9 所示。

图 8-9　一个正在执行的扫描任务

还可使用命令--get_tasks 来查看扫描任务的进度，它详细地指出了扫描任务的当前状态，如程序清单 8-10 所示。

程序清单 8-10　omp --get_tasks 的输出（有删节）

```
$ omp --get-tasks dd3617ce-868f-457a-a2f8-bfb7bdb1b8ff|xmllint --format -

<?xml version="1.0"?>

<get_tasks_response status_text="OK" status="200">

   <apply_overrides>0</apply_overrides>

   <task id="dd3617ce-868f-457a-a2f8-bfb7bdb1b8ff">

--snip--

  ❶ <status>Running</status>

--snip--

</get_tasks_response>
```

当 XML 元素 status 的值❶从 Running 变成后 Done，就说明扫描结束了。与程序清单 8-5 中一样，命令 xmllint 设置了 XML 输出的格式，使其更容易阅读。

扫描结束后，可使用命令 omp --get-report 获取 XML 格式的报告，如程序清单 8-11 所示。

程序清单 8-11   导出报告

```
$ omp --get-report 4dc106f1-cf3a-47a1-8a71-06b25d8d2c70|xmllint --format - > output.xml
```

在程序清单 8-11 中，使用>将输出重定向到了一个文件中。在扫描期间，随时都可执行这个命令，但报告将是不完整的。在这个 XML 输出文件中，有一个名为 scan_run_status 的字段，如果这个字段的值为 Done 而不是 Running，就说明报告是完整的。第 9 章将更详细地介绍这种 XML 输出格式。

8.3.3   定制

如果您的组织有多个安全分析人员，可在 Greenbone 的界面中创建其他的账户或集成 LDAP/RADIUS 身份验证，让其他人能够创建扫描目标、执行扫描以及查看结果。

通过配置 SSH 和其他凭证，可执行更深入的扫描：这让 OpenVAS 能够登录某些服务，并执行更深入的扫描。要保存这些凭证，最容易的方式是通过 Greenbone 的 GUI 中的 Configuration 选项卡。

8.4   cve-search 入门

虽然我们使用 cve-search 主要是因为它提供了完备的 CVE 信息数据库，但在您需要查找特定 CVE ID 对应的漏洞的详细信息时，cve-search 本身也很有用。

8.4.1 查找 CVE ID

我们将使用 search.py（它位于 cve-search/bin/中，请参阅 7.2.2 节）来查找影响特定产品（由其 CPE 标识）的 CVE，还将使用它来查找特定的 CVE。

在程序清单 8-12 中，使用了标志-p（表示产品）来查找影响 Windows 10 的所有 CVE。

程序清单 8-12　查找影响 Windows 10 的 CVE

```
$ ./search.py -p o:microsoft:windows_10
```

这个命令输出的结果集非常大，其中包含找到的所有 CVE 的完善细节。在程序清单 8-13 中，向标志-o 传递了值 cveid，让返回的结果中只包含 CVE ID。

程序清单 8-13　影响 Windows 10 的 CVE ID

```
$ ./search.py -p o:microsoft:windows_10 -o cveid
CVE-2015-6184
CVE-2015-6051
CVE-2015-6048
CVE-2015-6042
CVE-2016-1002
CVE-2016-1005
CVE-2016-1001
CVE-2016-1000
CVE-2016-0999
CVE-2016-0998
CVE-2016-0997
CVE-2016-0996
--snip--
```

本书要构建的漏洞管理系统只使用这个数据库来处理类似上面这样的任务，但与程序清单 8-12 类似的命令很有用，可从漏洞清单中筛选出那些对您所在的组织部署的操作系统有影响的漏洞。

8.4.2　查找有关特定 CVE 的详细信息

要查找有关特定 CVE 的详细信息，可使用标志-c 去指定一个 CVE ID。当搜索程序清单 8-13 中列出的 CVE-2016-0996 时，其结果如程序清单 8-14 所示。

程序清单 8-14　CVE-2016-0996 的详情

```
$ ./search.py -c CVE-2016-0996 -o json | python -m json.tool❶
{
    "Modified": "2016-03-16T13:53:26.727-04:00",
    "Published": "2016-03-12T10:59:16.853-05:00",
  ❷ "access": {
        "authentication": "NONE",
        "complexity": "MEDIUM",
        "vector": "NETWORK"
    },
  ❸ "cvss": 9.3,
    "cvss-time": "2016-03-16T09:46:38.087-04:00",
    "id": "CVE-2016-0996",
  ❹ "impact": {
        "availability": "COMPLETE",
        "confidentiality": "COMPLETE",
        "integrity": "COMPLETE"
    },
  ❺ "references": [
        "https://helpx.adobe.com/security/products/flash-player/apsb16-08.html",
        "http://www.zerodayinitiative.com/advisories/ZDI-16-193/"
    ],
  ❻ "summary": "Use-after-free vulnerability in the setInterval method in
    Adobe Flash Player before 18.0.0.333 and 19.x through 21.x before
    21.0.0.182 on Windows and OS X and before 11.2.202.577 on Linux, Adobe
```

```
    AIR before 21.0.0.176, Adobe AIR SDK before 21.0.0.176, and Adobe AIR
    SDK & Compiler before 21.0.0.176 allows attackers to execute arbitrary
    code via crafted arguments, a different vulnerability than CVE-2016-0987,
    CVE-2016-0988, CVE-2016-0990, CVE-2016-0991, CVE-2016-0994, CVE-2016-0995,
    CVE-2016-0997, CVE-2016-0998, CVE-2016-0999, and CVE-2016-1000.",
❼ "vulnerable_configuration": [
        "cpe:2.3:a:adobe:flash_player_esr:18.0.0.329",
        "cpe:2.3:o:microsoft:windows",
        "cpe:2.3:o:apple:mac_os_x",
--snip--
```

在上述输出中，包含这个漏洞的访问向量❷、所有相关的 CVSS 和通用缺陷列表（CWE）信息（注意，与 OpenVAS 一样，cve-search 不提供 CVSSv3 评分，而只通过 access❷和 impact❹部分提供 CVSSv2 评分❸和详情）。另一个部分列出了这个漏洞的所有外部引用❺，这包括一个 US-CERT 警报、微软补丁详情以及大量的第三方通告。还有适合人类阅读的漏洞小结❻以及受该漏洞影响的所有系统（操作系统或应用程序）的 CPE 信息❼。

通过使用命令-o json，将返回一个不包含换行符和缩进的 JSON 块，因此需要将输出传递给 Python 工具 json.tool❶，以便将其转换为易于阅读的格式。

8.4.3　在 CVE 数据库中搜索文本

还可使用标志-f 在 CVE 数据库的 summary 字段中搜索任何文本。程序清单 8-15 展示了搜索 buffer overflow 时返回的众多结果中的第 1 个。

程序清单 8-15　搜索与缓冲区溢出相关的 CVE

```
$ ./search.py -f "buffer overflow"
{
  "Modified": "2008-09-05T16:40:25.38-04:00",
  "Published": "2005-01-10T00:00:00.000-05:00",
  "_id": {
```

```
    "$oid": "5706df571d41c81f2d58a882"
  },
  "access": {
    "authentication": "NONE",
    "complexity": "HIGH",
    "vector": "NETWORK"
  },
  "cvss": 5.1,
  "cvss-time": "2004-01-01T00:00:00.000-05:00",
  "id": "CVE-2004-1112",

--snip--
```

使用这个搜索工具，可查找满足特定条件的漏洞的完整信息。通过结合使用不同的标志，可生成一个列表，例如包含了去年发现的影响 Linux 的缓冲区溢出漏洞。

8.4.4 　定制

当前，search.py 不能设置 CVE 搜索的输出格式（而只能设置产品搜索的输出格式），但您可使用 Linux 命令行工具（如 jq）来对 JSON 字符串进行分析，甚至提取特定的字段。通过使用这些工具，可编写 bash 脚本，以完成想要的任何数据操作。

下面是 2 个这样的例子。

❑ 每周都生成一个相关漏洞（如严重性高且影响 Windows 10 的漏洞）清单，这些漏洞已经被添加到数据库中，接着将该清单通过 E-mail 发送给安全人员。

❑ 定期查看感兴趣的 CVE（如影响您的组织且没有完全解决的 CVE），看看它们的记录中是否新增了引用 URL。

您的漏洞管理系统和一些自定义的脚本能够处理前面列出的 2 种情况，但在有些情况下，使用命令行工具来执行这些任务会更容易、更直接。

8.5　小结

本章介绍了漏洞管理计划的主要数据来源：Nmap、OpenVAS 和 cve-search。尝试了每个工具以搞清楚可收集的信息类型，并着手考虑了如何使用这三款工具来绘制详尽的组织漏洞画像。

第 9 章将完成绘制该画像的前几个步骤：通过编写脚本，对扫描器输出进行分析并将其导入到漏洞数据库中。

| 第9章 | 创建资产和
漏洞数据库 |

本章介绍如何将 OpenVAS 和 Nmap 的输出导入到 MongoDB 数据库中。首先，探索一些通用的数据处理方式；接下来，查看这两款工具的 XML 格式输出，并学习如何选择感兴趣的数据字段；然后，编写一些 Python 脚本，它们负责收集数据、生成 MongoDB 文档并将这些文档插入到数据库中。

9.1　准备好数据库

要设计数据库，需要搞清楚要得到什么样的结果以及为得到这些结果需要做哪些分析。然后，确定为了完成这些分析，您必须收集的数据以及必须建立的模型。

在这种情形下，您想要改善漏洞状况，让环境更安全。为此，需要收集有关要保护的主机的信息，而这些信息分两类：永久性的和动态的。

永久性信息是一成不变或很少变化的，而动态信息变化频繁。对于特定的数据点，它究竟属于哪种类型，取决于具体的网络环境。例如，在有些网络中，IP 地址是静态分配的，但在其他网络中，动态主机配置协议（DHCP）可能在设备每次甚至每天启动时都给它分配不同的地址。对于永久性数据，只需收集一次，并在需要时进行更新；而对于与设备相关联的动态数据，每次扫描该设备漏洞时都将更新。

表 9-1 中描述了通过 Nmap 和 OpenVAS 扫描收集的主机数据及其所属的类别。

表 9-1　相关的主机数据

数据类型	主机数据	说明
永久性的	主机名	有可能有，也有可能没有；在有些情况下，还可能报告多个主机名
	MAC 地址	有可能有，也有可能没有
	IP 地址	IPv4 地址。如果您的网络使用的是 IPv6，可相应地修改脚本以收集这种信息
	OS / CPE	被检测到的操作系统版本，还可能包括 CPE（如果有的话）
动态的	漏洞	包括 OpenVAS 报告的详情以及指向 cve-search CVE 条目的引用
	端口	处于开放状态（监听入站数据）的端口，包括端口号、协议和检测到的服务
	最后一次扫描的日期	自动生成

在每台主机的记录（文档）中，都将包含在该主机中发现的每个漏洞的漏洞标识符。可根据这种标识符将主机关联到特定的漏洞信息和漏洞利用程序的信息。对于每个漏洞，都有大量与之相关联的数据，这些数据存储在一个独立的数据集（在 MongoDB 中称为集合）中。这意味着将有主机集合和漏洞集合，并建立从主机到集合的映射关系。

换言之，漏洞信息和主机是正交的：一台主机可能有一个或多个漏洞，但每个漏洞都是一个数据项，可将其关联到一台或多台主机。漏洞利用程序的情况与漏洞相同。表 9-2 中列出了在本章后面介绍的脚本中收集到的漏洞数据。

表 9-2　相关的漏洞数据

数据类型	说明
CVE/BID ID	漏洞的 CVE ID 或 Bugtraq ID，这是一个行业标准标识符
报告日期	厂商或第三方首次报告漏洞的日期，或者首次发现漏洞被人利用的日期
受影响的软件	受漏洞影响的软件或操作系统的名称和 CPE

续表

数据类型	说明
CVSS	漏洞的 CVSS 评分
描述	漏洞的文本描述（没有格式限制）
顾问 URL	指向漏洞顾问的 URL，其中可能包含更详细的信息
更新 URL	指向可解决漏洞的更新信息的 URL

9.2 确定所需数据库的结构

虽然 MongoDB 能够存储非结构化数据，但对于要存储的数据，如果您对其类型以及要在 MongoDB 文档中如何结构化它们有所认识，脚本编写和数据分析工作将容易得多。如果您使用的是关系型数据库（如 SQL），这一步必不可少，因为不能在没有定义结构的空数据库中插入数据。

关系型数据库和非关系型数据库

要全面讨论不同类型的数据库的差别，需要一整本书，这不在本书的范围之内，但这里还是简单地说一说。

说到数据库时，大多数人想到的都是关系型数据库，这种数据库包含表，而表是由呈行列分布的结构化数据组成的。每行都由一个唯一的键标识。表之间通过相同的键值建立联系，因此一个表中的值可能指向另一个表中的一整行数据——"关系型"由此而得名。

不采用这种结构的数据库属于非关系型数据库，这样的数据库有很多，MongoDB 就是其中的一个。非关系型数据库可能简单到就是一个键值对列表，但也支持以任意方式结构化数据。

　　咱们来看一个例子。在关系型数据库中，可能有一个名为 NAME 的表，这个表包含 FirstName、MiddleName、LastName 等列：

FirstName	MiddleName	LastName
Andrew	Philip	Magnusson
Jorge	Luis	Borges

　　然而，类似这样的死板结构并非总是可行：在其他文化中，标准的姓名范式"名－中间名－姓"并不一定适用，例如，阿根廷作家 Jorge Luis Borges 的完整姓名为 Jorge Francisco Isidoro Luis Borges Acevedo。在 MongoDB 中，可能有一个名为 NAME 的集合（大致相当于一个表），它可包含各种结构不同的姓名，这些姓名都存储在独立的文档（大致相当于数据行）中，如下所示：

```
{
    "FirstName":"Jorge",
    "MiddleNames": ["Francisco","Isidoro","Luis"],
    "LastNames":["Borges","Acevedo"]
}
```

　　对于比较简单的姓名，可能只有 FirstName 和 LastNames，且 LastNames 只包含一个值：

```
{
    "FirstName":"Alexander",
    "LastNames":"Lovelace"
}
```

　　每种类型的数据库都有其优点。关系型数据库的数据结构是预先定义好的，因此查询、索引建立和数据库维护的速度非常快，但代价是其死板的结构修改起来很费劲，在数据库被用于生产环境中时尤其如此。非关系型数据库能够更宽松地定义数据结构且可随时修改，因此更灵活。然而，它们的速度不可能很快，且不能指望文档包含特定的数据字段。在前面的 NAME 示例中，需要确保代码足够健壮，能够在文档中不包含 MiddleNames 字段时不崩溃。

对要收集什么样的数据有大致认识后，就可着手定义数据库的结构了。本节将介绍如何在 MongoDB 或 SQL 数据库中表示这些数据。

程序清单 9-1 是一个 JavaScript 对象表示法（JSON）格式的主机数据的例子，它很好地说明了 MongoDB 的内部数据结构。严格地说，MongoDB 以二进制 JSON（BSON）格式存储数据，这种格式是一种比 JSON 更紧凑的数据表示方式。但与 MongoDB 交互时，还是会使用 JSON 格式。

程序清单 9-1　一个 JSON 格式的主机描述文档

```
{
❶ "_id" : ObjectId("57d734bf1d41c8b71daaee0e"),
❷ "mac" : {
      "vendor" : "Apple",
      "addr" : "6C:70:9F:D0:31:6F"
  },
  "ip" : "10.0.1.1",
❸ "ports" : [
      {
          "state" : "open",
          "port" : "53",
          "proto" : "tcp",
          "service" : "domain"
      },
--snip--
  ],
  "updated" : ISODate("2020-01-05T02:19:11.966Z"),
❹ "hostnames" : [
"airport",
"airport.local"
```

```
    ],
    "os" : [
        {
            "cpe" : [
                "cpe:/o:netbsd:netbsd:5"
            ],
            "osname" : "NetBSD 5.0 - 5.99.5",
            "accuracy" : "100"
        }
    ],
❺  "oids" : [
        {
            "proto" : "tcp",
            "oid" : "1.3.6.1.4.1.25623.1.0.80091",
            "port" : "general"
        }
    ]
}
```

注意

在 JSON 格式中，键和值用双引号表示。键是独一无二的字符串，用于标识它后面的值；值可以是简单字符串、嵌套的 JSON 文档（用大括号表示）或由字符串或嵌套文档组成的列表（用方括号表示）。这种格式让您能够创建易于解析和遍历的复杂数据结构。

在程序清单 9-1 中，字段_id❶是 MongoDB 自动生成的，它唯一地标识了数据库中的文档。字段 mac 的值❷是一个嵌套文档，包含 MAC 地址和 MAC 厂商。键 ports❸是一个文档列表，其中每个文档都包含一个开放端口的信息。由于主机通常有多个不同的主机名，域名系统（DNS）服务器可能使用一个名称，而 NetBIOS 查找可能使用另一个名称因此键 hostnames❹是一个列表，而不是单个值。oids 键❺是一个文档列表，其中的文档包含 OID、协议以及 OID 被检测到的端口。OID 是 OpenVAS 生成的独一无二的漏洞标识符，可以根据它将漏洞映射到主机。在漏洞集合中，对于每个不同的 OID，都有一个文档（表示特定的漏洞）。

使用 SQL 时的表结构

如果您使用的是 SQL，需要知道每个数据字段中存储的数据类型，这样才能定义数据库表。程序清单 9-2 是一些可能在 SQL 中使用的表定义示例，这些定义并非最优的，对于大型数据库，有很多优化其结构的方式，有关这方面的详细信息，请参阅后面的 "定制" 一节。这里的表定义是针对 MySQL 编写的，如果您使用的是其他 SQL 数据库，可能需要做相应的调整。

程序清单 9-2　用于存储主机数据的 MySQL 表的定义

❶ CREATE TABLE hosts

　　(macid CHAR(17), macvendor VARCHAR(25),

　　ip VARCHAR(15), hostname VARCHAR(100),

❷ updated DATETIME DEFAULT CURRENT_TIMESTAMP ON UPDATE CURRENT_TIMESTAMP,

　　id INT AUTO_INCREMENT PRIMARY KEY);

❸ CREATE TABLE ports

　　(id INT AUTO_INCREMENT PRIMARY KEY,

❹ host_id INT NOT NULL, state VARCHAR(6),

　　port INT, protocol VARCHAR(3), service VARCHAR(25),

❺ FOREIGN KEY(host_id) REFERENCES hosts(id));

❻ CREATE TABLE os

　　(id INT AUTO_INCREMENT PRIMARY KEY,

　　cpe VARCHAR(50), osname VARCHAR (50), accuracy INT,

　　FOREIGN KEY(host_id) REFERENCES hosts(id));

❼ CREATE TABLE hostoid

　　(id INT AUTO_INCREMENT PRIMARY KEY,

　　FOREIGN KEY(oid_id) REFERENCES oids(id),

　　FOREIGN KEY(host_id) REFERENCES hosts(id));

这些命令将在既有的 SQL 数据库中创建表。由于在 SQL 中，不能像在 MongoDB

中那样嵌套数据，因此需要将数据划分到多个表中。这里定义了用于存储主机信息

❶、端口信息❸和操作系统信息❻的表，还定义了一个将主机映射到 OID 的表❼。

为将这些表关联起来，需要使用键。

在 SQL 中，使用键来标识当前表中的记录，并在另一个表中使用外键来引用当

前表中的记录。例如，在 ports 表中，字段 host_id❹另被显式地定义为外键，它对应

于 hosts 表中的字段 id❺。这个键让您能够通过查询数据库来获悉特定主机的端口信

息。在 os 表的定义中，定义了同样的外键，从而将这 3 个表关联起来，让您能够直

接访问所有的永久性主机信息。每当 hosts 表中的记录发生变化时，updated 字段都

会被自动更新❷。

下面来看看漏洞数据，如程序清单 9-3 所示。JSON 格式的漏洞文档包含表 9-2 列出
的所有信息，还有一些由 OpenVAS 扫描器报告的额外字段。如果存储空间有限，可能不
需要在数据库中记录所有信息。但如果存储空间充裕，可保留所有信息供以后使用，这
有益无害。

程序清单 9-3　一个 JSON 格式的漏洞描述文档

```
{
    "_id" : ObjectId("57fc2c891d41c805cf22111b"),
❶  "oid" : "1.3.6.1.4.1.25623.1.0.105354",
    "summary" : "The remote GSA is prone to a default account authentication
                 bypass vulnerability.",
    "cvss" : 10,
    "vuldetect" : "Try to login with default credentials.",
    "solution_type" : "Workaround",
    "qod_type" : "exploit",
    "bid" : "NOBID",
    "threat" : "High",
    "description" : null,
    "proto" : "tcp",
    "insight" : "It was possible to login with default
```

```
                credentials: admin/admin",
    "family" : "Default Accounts",
    "solution" : "Change the password.",
    "xref" : "NOXREF",
    "port" : "443",
    "impact" : "This issue may be exploited by a remote attacker to gain
                access to sensitive information or modify system configuration.",
❷ "cve" : [
        "NOCVE"
    ],
    "name" : "GSA Default Admin Credentials",
    "updated" : ISODate("2016-10-11T00:04:25.596Z"),
    "cvss_base_vector" : "AV:N/AC:L/Au:N/C:C/I:C/A:C"
}
```

与程序清单 9-1 一样，这些数据的含义大都是不言自明的，但有几个重要的地方有必要说一说。oid 值❶可直接添加到主机文档的 oids 列表中；对于 OpenVAS 在主机中找到的每个漏洞，都将被赋予一个不同的 OID。因此 OID 将被加入到主机文档中，而 OID 的详细信息将被加入到漏洞集合中。需要报告在给定主机中找到的漏洞时，将首先检索该主机的记录，再检索与该记录中的各个 OID 相关联的记录。cve 键❷有一个列表作为其值，因为单个漏洞常常与多个 CVE 相关联。在这里，报告的 CVE 是 NOCVE，这是一个标准占位符，表示 MITRE 还没有给当前漏洞指定 CVE ID。

按本书后面的示例进行操作时，请想想这些脚本是如何创建 MongoDB 文档的，并根据需要做必要的调整。

定制

仔细考虑您的需求，并相应地定制您收集的信息。例如，假设组织建立了用于不同目的的 VLAN，您能够在 MongoDB 数据库中添加一个键值对，指出主机所属的 VLAN

吗？在这种情况下，您能够定制脚本，以便根据主机的 IP 地址确定它所属的 VLAN，从而为分析主机所在的网段提供方便吗？根据网络的配置，这可能需要查阅外部的系统或数据库。

对于收集的新信息，想想要如何存储它们。如果使用非结构化数据库，如 MongoDB，这很容易，只需添加键值对即可。但如果使用 SQL，就需要重新配置数据库以定义这些新的数据字段。

如果使用 SQL，可优化表结构，以便节省处理大型数据集时的磁盘空间。例如，不是根据 port、service、protocol、host ID 等记录将 ports 表直接映射到 hosts 记录，而是添加第 3 个表——host-to-port 的映射表，这样任何一条端口记录都可映射到任意数量的主机，反之亦然。为此，可创建一个包含 host ID 和其他字段的 hosts 表、一个包含 port、service、protocol 记录的 ports 表，以及一个包含 port ID 和 host ID 记录的 host-port 表。在小型环境中，这 2 种做法的差别很小；但在大型组织中，采用第 2 种做法可节省大量的磁盘空间。

9.3   将 Nmap 扫描结果导入到数据库

下面着手将前面部署的工具关联起来。首先，需要编写一个脚本，将 Nmap 扫描结果导入到 MongoDB 数据库中。

9.3.1   定义需求

与编写其他任何脚本一样，首先需要确定要让这个脚本做什么，即收集表 9-1 列出的主机数据。本节先来看看 Nmap 的 XML 输出，以确定其中哪些部分很重要。

程序清单 9-4 列出了一部分 Namp 的 XML 输出（执行扫描时指定了操作系统检测标志-O）。

程序清单 9-4　Nmap 的 XML 输出节选

```
--snip--
<host starttime="1473621609" endtime="1473627403"><status state="up"
reason="arp-response" reason_ttl="0"/>
```
❶ `<address addr="10.0.1.4" addrtype="ipv4"/>`
❷ `<address addr="B8:E8:56:15:68:20" addrtype="mac" vendor="Apple"/>`
❸ `<hostnames>`
```
</hostnames>
```
❹ `<ports><extraports state="filtered" count="997">`
```
<extrareasons reason="no-responses" count="997"/>
</extraports>
<port protocol="tcp" portid="22"><state state="open" reason="syn-ack"
reason_ttl="64"/><service name="ssh" method="table" conf="3"/></port>
--snip--
</ports>
```
❺ `<os><portused state="open" proto="tcp" portid="22"/>`
```
<osmatch name="Apple Mac OS X 10.10.2 (Darwin 14.1.0)"
accuracy="100" line="4734">
<osclass type="general purpose" vendor="Apple" osfamily="Mac OS X"
osgen="10.10.X" accuracy="100"><cpe>cpe:/o:apple:mac_os_x:10.10.2</cpe>
</osclass>
</osmatch>
<osmatch name="Apple Mac OS X 10.7.0 (Lion) - 10.10 (Yosemite)
or iOS 4.1 - 8.3 (Darwin 10.0.0 - 14.5.0)" accuracy="100" line="6164">
--snip--
<osclass type="phone" vendor="Apple" osfamily="iOS" osgen="4.X"
```
❻ `accuracy="100"><cpe>cpe:/o:apple:iphone_os:4</cpe></osclass>`
```
<osclass type="phone" vendor="Apple" osfamily="iOS" osgen="5.X"
accuracy="100"><cpe>cpe:/o:apple:iphone_os:5</cpe></osclass>
--snip--
```

　　我们需要提取如下数据：IP 地址❶；MAC 地址❷；主机名❸，如果有的话，但这里没有）；开放的端口❹及其协议、端口号、状态（开放或关闭）和端口上运行的服务（猜测的）；操作系统匹配情况（OS matches，❺）。MAC 地址也依赖于可用性：如果目标主机与扫描器的距离超过 1 跳，那么检测到的 MAC 地址可能是路由器或交换机的（而不是主机的）。

我们以列表方式记录返回的所有 osmatch 值❺以及对应的 CPE 和 accuracy 值❻，以指出 Nmap 对匹配结果的不确定性。在这个示例中，多个 CPE 的匹配准确度都为 100%。当生成有关这台主机的报告时，您必须选择报告所有的 CPE、一个都不报告或根据其他标准选择其中的一个去报告。

您需要将所有信息与一个主机文档关联起来，并使用每个扫描结果中都有的字段来标识这个主机文档。在扫描结果中，主机名和 MAC 地址可能没有或不准确，因此我们会使用 IP 地址。如果是在 DHCP 环境中，IP 地址会经常变，在这种情况下，Windows NetBIOS 名称可能是更好的选择，因为在每个 Windows 域中，NetBIOS 名称必须是独一无二的。

您还必须做出这样的决定，即每次扫描后是创建新的主机文档还是更新既有的文档。为何要做出这样的决策呢？因为在大多数情况下，在两次不同扫描的结果中，只有部分数据是不同的——主要是漏洞列表，因此如果根据收集到的信息来更新既有的文档，可节省时间和精力。

9.3.2   编写脚本

在程序清单 9-5 中，IP 地址是可靠的，同时既有主机的新数据将覆盖旧数据。当然，需求可能不同。这个脚本遍历一个 XML 格式的 Nmap 输出文件，并将相关的信息导入到一个 MongoDB 数据库中。

所有必要的主机信息都包含在 host 标签中，因此只需使用一个简单的循环就能找出每个 host 标签，从中提取合适的子标签，再为每个主机执行 MongoDB 插入文档操作，将相关的信息导入到 MongoDB 数据库 hosts 中。

程序清单 9-5   用于将 Nmap 扫描结果插入到数据库的脚本 nmap-insert.py 的代码

```
#!/usr/bin/env python3
```

❶ `from xml.etree.cElementTree import iterparse`

9.3　将 Nmap 扫描结果导入到数据库　103

```
     from pymongo import MongoClient
     import datetime, sys

❷ client = MongoClient('mongodb://localhost:27017')
❸ db = client['vulnmgt']

     def usage():
         print ('''
     Usage: $ nmap-insert.py <infile>
         ''')

❹ def main():
         if (len(sys.argv) < 2): # no files
             usage()
             exit(0)

  ❺ infile = open(sys.argv[1], 'r')

  ❻ for event, elem in iterparse(infile):
      ❼ if elem.tag == "host":
                 # add some defaults in case these come up empty
                 macaddr = {}
                 hostnames = []
                 os = []
                 addrs = elem.findall("address")
                 # all addresses, IPv4, v6 (if exists), MAC
                 for addr in addrs:
                     type = addr.get("addrtype")
                     if (type == "ipv4"):
                         ipaddr = addr.get("addr")
                     if (type == "mac"): # there are two useful things to get here
                         macaddr = {"addr": addr.get("addr"),
                                    "vendor": addr.get("vendor")}

                 hostlist = elem.findall("hostname")
```

```
for host in hostlist:
    hostnames += [{"name": host.get("name"),
                   "type": host.get("type")}]


# OS detection
# We will be conservative and put it all in there.
oslist = elem.find("os").findall("osmatch")
for oseach in oslist:
    cpelist = []
    for cpe in oseach.findall("osclass"):
        cpelist += {cpe.findtext("cpe")}
    os += [{"osname": oseach.get("name"),
            "accuracy": oseach.get("accuracy"),
            "cpe": cpelist}]


portlist = elem.find("ports").findall("port")
ports = []
for port in portlist:
    ports += [{"proto": port.get("protocol"),
            "port": port.get("portid"),
            "state": port.find("state").get("state"),
            "service": port.find("service").get("name")
                }]
elem.clear()


❽ host = {"ip": ipaddr,
        "hostnames": hostnames,
        "mac": macaddr,
        "ports": ports,
        "os": os,
        "updated": datetime.datetime.utcnow()
        }


❾ if db.hosts.count({'ip': ipaddr}) > 0:
    db.hosts.update_one(
```

```
                        {"ip": ipaddr},
                        {"$set": host}
                        )
            else:
                db.hosts.insert(host)
    ❿ infile.close() # We're done.

main()
```

该脚本从 xml 库中导入了 iterparse，以便使用它来执行 XML 解析；从 pymongo 库中导入了 MongoClient，以便使用它来与数据库交互；还导入了 datetime 和 sys，以便使用它们来获取当前日期以及读写文件❶。接下来，指定了 MongoDB 服务器的 IP 地址❷和数据库信息❸。

该脚本将主逻辑封装在函数 main()中❹，并在脚本末尾调用这个函数。这个函数首先打开作为参数传递给脚本的输入文件❺，遍历每个 XML 元素❻，并从每个 host 元素中提取详细信息❼。然后，将每台主机的信息❽插入 MongoDB 文档或使用这些信息更新这个文档❾。这个脚本将 IP 地址作为主机的规范标识符。如果获取的 IP 地址没有包含在数据库中，就新建一个文档；如果已包含在数据库中，就更新与之相关联的文档。解析完输入文件后，脚本将关闭这个文件并退出❿。

9.3.3　定制

如果组织使用的是 IPv6 或已更换为 IPv6，请记录下 IPv6 地址，而不要像程序清单 9-5 那样忽略它。别忘了，IPv6 没有 IPv4 可靠，因为一台主机可能有多个 IPv6 地址，而且这些地址还可能发生变化。

可修改程序清单 9-5 所示的脚本，将更多或所有的 Nmap 输出都导入到数据库。例如，假设您要跟踪 Nmap 的运行统计信息，可使用程序清单 9-6 所示的 Python 代码片段来解析 XML 块 runstats，并将其放在 main()函数中的语句 if elem.tag == "host":前面。

程序清单 9-6   解析 XML 块 runstats 的 Python 代码片段

```
if elem.tag == "runstats":
    finished = elem.find("finished")
    hosts = elem.find("hosts")
    elapsed = finished.get("elapsed")
    summary = finished.get("summary")
    hostsUp = hosts.get("up")
    hostsDown = hosts.get("down")
    hostsTotal = hosts.get("total")
```

还可在 MongoDB 文档中添加键值对。例如，标签 high-value host 可以帮助确定漏洞的优先处理顺序，因为与正常价值或较低的主机相比，价值高的主机中的漏洞问题更紧迫。

可编写一个脚本来收集数据并将其插入到数据库中。虽然这将加大脚本编写工作的难度，但可简化调度工作，因为这样只需运行一个脚本而不是多个。可使用标志-oX -将 Nmap 输出发送到 STDOUT（标准输出），再使用管道将其作为插入脚本的输入。

可不用手工解析 XML，而使用库。有 2 个 Python 模块可用于控制 Nmap 并对其结果（python-nmap 和 python-libnmap）进行解析。您可尝试使用这 2 个模块，看看更喜欢哪个。

自力更生还是依靠外援

您可能面临的一个著名困境是，该自己编写代码还是使用现成的 Python 模块来完成大部分工作。使用现成模块可避免大量的手工工作，但这样将需要考虑使用更多的软件包并确保它们是最新的。在这个脚本中，我选择了自力更生以便有更大的控制权，但这 2 种选择都是完全可行的。

9.4   将 OpenVAS 扫描结果导入到数据库

从 Nmap 扫描结果中提取相关的数据，并将其导入到数据库后，下一步是从 OpenVAS

扫描结果中提取相关的数据，并将其导入到数据库中。

9.4.1　定义需求

OpenVAS 以 result 块的方式组织输出，这种 result 块包含所有的信息，从检测到的服务到发现的漏洞。程序清单 9-7 展示了主机 10.0.1.21 的 result 块，其中针对的是漏洞 CVE-2016-2183 和 CVE-2016-6329。

程序清单 9-7　XML 格式的 OpenVAS 扫描报告中的 result 块

```
--snip--
<result id="a3e8107e-0e6c-49b0-998b-739ef8ae0949">
❶  <name>SSL/TLS: Report Vulnerable Cipher Suites for HTTPS</name>
    <comment/>
    <creation_time>2017-12-29T19:06:23Z</creation_time>
    <modification_time>2017-12-29T19:06:23Z</modification_time>
    <user_tags>
      <count>0</count>
    </user_tags>
❷  <Host>10.0.1.21<asset asset_id="5b8d8ed0-e0b1-42e0-
    b164-d464bc779941"/></host>
❸  <port>4000/tcp</port>
    <nvt oid="1.3.6.1.4.1.25623.1.0.108031">
      <type>nvt</type>
❹    <name>SSL/TLS: Report Vulnerable Cipher Suites for HTTPS</name>
      <family>SSL and TLS</family>
❺  <cvss_base>5.0</cvss_base>
❻  <cve>CVE-2016-2183, CVE-2016-6329</cve>
❼  <bid>NOBID</bid>
❽  <xref>URL:https://bettercrypto.org/, URL:https://mozilla.github.io
    /server-side-tls/ssl-config-generator/, URL:https://sweet32.info/
    </xref>

❾  <tags>cvss_base_vector=AV:N/AC:L/Au:N/C:P/I:N/A:N|summary=This
```

```
            routine reports all SSL/TLS cipher suites accepted by a
            service where attack vectors exists only on HTTPS services.
            |solution=The configuration of this service should be changed so
            that it does not accept the listed cipher suites anymore.

    Please see the references for more resources supporting you with this task.
    |insight=These rules are applied for the evaluation of the vulnerable
    cipher suites:

     - 64-bit block cipher 3DES vulnerable to the SWEET32 attack (CVE-2016-2183).
     |affected=Services accepting vulnerable SSL/TLS cipher suites via HTTPS.
     |solution_type=Mitigation|qod_type=remote_app</tags>
        ❿ <cert>
             <cert_ref id="CB-K17/1980" type="CERT-Bund"/>
             <cert_ref id="CB-K17/1871" type="CERT-Bund"/>
             <cert_ref id="CB-K17/1803" type="CERT-Bund"/>
             <cert_ref id="CB-K17/1753" type="CERT-Bund"/>
--snip--
        </result>
--snip--
</results>
```

要从扫描结果中提取哪些信息呢？前面的表 9-2 列出了要提取的漏洞数据：cve❻、bid❼、报告日期、受影响的软件、CVSS❺、描述❶、❹、❾、咨询 URL❽、❿和更新 URL。OpenVAS 报告了大部分信息，还报告了与漏洞相关联的主机❷和端口❸。

cert 部分❿包含了到计算机应急响应小组（CERT）顾问的链接。虽然程序清单 9-8 所示的示例脚本忽略了这部分，但如果这些数据对您来说很重要，请对其进行解析。

9.4.2　将漏洞映射到主机

最重要的是如何组织所有的数据。两组不同的数据（漏洞数据和主机数据）之间存在隐式的映射关系：主机 A 存在漏洞 X、Y、Z；漏洞 X 出现在主机 A、B、C 中。有 2 种显而易见的方式来表示这种映射关系。第 1 种方式是，每台主机都可以有一个包含了存在漏洞的列表：主机 A 有一个包含漏洞 X、Y、Z 的漏洞列表。第 2 种方式是，在漏洞端同样指出这种映射关系：漏洞 X 有一个 host 标签，其中包含一个由主机 A、B、C 组成的列表。

这两种方式都可行，但都是一边倒的。如果随漏洞存储数据，那么生成有关主机的报告将比较困难：必须在整个漏洞数据库中查找主机 A 出现的所有地方。如果随主机存储漏洞 ID，那么生成有关漏洞的报告也将比较困难。另外，如果在 2 个地方都存储映射关系，那么将出现过时或孤立映射的风险。选择哪种方式取决于希望生成有关漏洞（及其影响的主机）的报告还是生成有关主机（及其存在的漏洞）的报告更容易。

程序清单 9-8 所示的脚本采用了第 1 种方式，在每个主机文档中嵌入漏洞标识符。主机文档的存活时间可能比漏洞文档长。如果主机会被定期地打补丁（在有些组织中，这是一项难以完成的任务），主机文档将长期存在。但由于会定期打补丁，漏洞文档将会被从数据库从剔除，这是使用第 10 章中的脚本实现的。如果在组织中，前述假设不成立，可能需要使用第 2 种方式。

> ### SQL 中的映射
>
> 在使用 SQL 时，还有第 3 种映射方式。如果在第 3 个表中存储映射关系，并让每条记录表示主机和漏洞之间的一对一关系，那么生成前述 2 类报告时，都只需在一个地方搜索。例如，"主机 A 存在漏洞 X"将用一条记录表示，另一条记录是"主机 A 存在漏洞 Y"。生成报告时，首先要找出感兴趣的映射关系（如"主机 A 存在的所有漏洞"），再从另外 2 个表中提取有关主机 A 的详细信息以及主机 A 存在的漏洞 X、Y 和 Z 的详细信息。简单地说，需要执行的步骤如下。
>
> 1. 查询映射表，找到所有与主机 A 相关的记录，并将相关联的漏洞收集到集合 B 中。
>
> 2. 查询主机表，找到主机 A 的详细信息。

> 3. 查询漏洞表，找到所有与集合 B 中漏洞相关的所有记录。
>
> 　　经验丰富的 SQL 用户会在单个查询中使用 JOIN 语句来完成这项任务，而非专业人士会发现依次运行多个查询来完成这种任务将更容易。这种解决方案是一个典型的数据库规范化示例。有关这方面的更详细信息，请参阅维基百科或手边的计算机图书。

9.4.3　编写脚本

　　程序清单 9-8 所示的脚本迭代 result 标签，提取相关的数据，再将这些数据发送给数据库，并像 9.2 节讨论的那样，将 OID 作为可靠的漏洞标识符。

　　为建立漏洞映射关系，必须解析返回的整个文档集并创建一个列表，指出各台主机出现了哪些漏洞，再将每台主机原来的漏洞列表替换为新列表。

程序清单 9-8　将 OpenVAS 扫描结果导入到数据库的脚本 openvas-insert.py 的代码

```
#!/usr/bin/env python3

from xml.etree.cElementTree import iterparse
from pymongo import MongoClient
import datetime, sys

client = MongoClient('mongodb://localhost:27017')
db = client['vulnmgt']

# host - OIDs map
❶ oidList = {}

def usage():
    print ('''
Usage: $ openvas-insert.py <infile>
    ''')
```

```
def main():
    if (len(sys.argv) < 2): # no files
        usage()
        exit(0)

    infile = open(sys.argv[1], 'r')

    for event, elem in iterparse(infile):

        if elem.tag == "result":
            result = {}

❷          ipaddr = elem.find("host").text
            (port, proto) = elem.find("port").text.split('/')
            result['port'] = port
            result['proto'] = proto
            nvtblock = elem.find("nvt") # a bunch of stuff is in here

❸          oid = nvtblock.get("oid")
            result['oid'] = oid
            result['name'] = nvtblock.find("name").text
            result['family'] = nvtblock.find("family").text

❹          cvss = float(nvtblock.find("cvss_base").text)
            if (cvss == 0):
                continue
            result['cvss'] = cvss

            # these fields might contain one or more comma-separated values.
            result['cve'] = nvtblock.find("cve").text.split(", ")
            result['bid'] = nvtblock.find("bid").text.split(", ")
            result['xref'] = nvtblock.find("xref").text.split(", ")

❺          tags = nvtblock.find("tags").text.split("|")
            for item in tags:
```

```
              (tagname, tagvalue) = item.split("=", 1)
              result[tagname] = tagvalue
        result['threat'] = elem.find("threat").text
        result['updated'] = datetime.datetime.utcnow()
        elem.clear()

❻ if db.vulnerabilities.count({'oid': oid}) == 0:
        db.vulnerabilities.insert(result)

❼ if ipaddr not in oidList.keys():
        oidList[ipaddr] = []
    oidList[ipaddr].append({'proto': proto, 'port': port, 'oid': oid})

❽ for ipaddress in oidList.keys():
    if db.hosts.count({'ip': ipaddress}) == 0:
        db.hosts.insert({'ip': ipaddress,
                          'mac': { 'addr': "", 'vendor': "Unknown" },
                          'ports': [],
                          'hostnames': [],
                          'os': [],
                          'updated': datetime.datetime.utcnow(),
                          'oids': oidList[ipaddress]})
    else:
        db.hosts.update_one({'ip': ipaddress},
                            {'$set': { 'updated':
                            datetime.datetime.utcnow(),
                                'oids': oidList[ipaddress]}})

    infile.close() # we're done

main()
```

与 nmap-insert.py（程序清单 9-5）中一样，迭代每个结果，以收集所需的信息。首
先，获取高危主机的 IP 地址❷。接下来，从标签 nvt 的子标签中获取如下数据：OID（用

于标识漏洞）❸；CVSS 评分（忽略 CVSS 评分为 0 的漏洞）❹；字段 cve、bid 和 xref（它们包含一个或多个用逗号分隔的值）。然后，从 tags 中获取键值对，tags 是漏洞记录中格式自由的部分，它用管道字符（|）分隔键和值。由于预先并不知道这个字段包含什么内容，因此这个脚本解析所有的键值对❺，并原样将它们与其他数据一起添加到 MongoDB 数据库 vulnerabilities 中❻。如果当前漏洞已包含在数据库 vulnerabilities 中，这个脚本将不会导入任何数据。

然后，在主机到漏洞的映射字典 oidList❶中添加或更新一个与当前主机相关的条目，其中包含在该主机中找到的每个漏洞的信息❼。遍历完所有漏洞后，便可遍历前面创建的字典，将 OID 添加到数据库 hosts 的每个受影响的 host 文档中❽。

9.4.4　定制

如果发现 OpenVAS 扫描结果中的其他信息很有用，也请存储它们。甚至可将整个扫描报告存储在一个 MongoDB 文档中，但您可能想先解析诸如 tags 部分等内容，将它们分解为不同的部分。如果这样做，占用的磁盘空间将多得多。

由于 OpenVAS 和 Nmap 扫描结果的很多内容是重复的，因此这里没有导入任何已存在于 Nmap 扫描结果中的数据（如开放的端口），但您可能想补充（或覆盖）Nmap 扫描结果，或者只使用 OpenVAS 扫描结果。

如果要搜索特定的漏洞类别，可在创建 MongoDB 文档前扩展标签 cvss_base_vector（如添加 "Access vector": "remote"、"Confidentiality impact": "nhigh"等。为此，可像解析字段 tags 那样去解析这个字段，用字符:和/分隔键和值。

程序清单 9-8 将 OID（而不是 BID/CVE ID）用作唯一标识符，这是因为并非所有扫描结果中都有 BID/CVE ID，而所有扫描结果中都有 OID。然而，这带来了另一个问题：OpenVAS 使用相同的 OID 来跟踪在主机上执行的相同测试的多个实例。例如，它可能在主机的每个开放端口上执行"服务检测"测试，并报告它们使用相同的 OID（但描述不同）。对于每个 OID，这个脚本只存储一个文档，因此它将覆盖这些相互冲突的报告。然而，仅当测试的重要性较低（严重程度为 0.0）时，才会出现这种情况，因此本章未涉及这些测试的结果。另外，也可从某些值（如 OID、摘要、端口和描述）中生成散列值，并将其作为唯一的标识符。于是这个脚本将只存储给定测试结果的一个实例，但不会丢失任何数据。如果在环境中，这些严重程度较低的测试结果很重要，可考虑将 hash（而不是 OID）用作可靠的漏洞标识符。

同样，对于过时的漏洞映射，本章的解决方案是将每台主机的所有旧漏洞映射都删除或者替换掉，这在环境中可能行不通，从多个扫描器获取漏洞数据时尤其如此。如果在主机文档的漏洞映射中添加scanner标签，便可在导入新扫描结果时只删除合适的映射。

9.5　小结

本章完成了打造漏洞管理系统的前几步，将 Nmap 和 OpenVAS 扫描结果导入到数据库后，便可生成简单的报告，让人洞悉您所在组织的当前漏洞状况。

但生成报告前，还需要先完成一些维护任务。在第 10 章，您将探索如何改善数据库的结构，以及如何使用索引来缩短搜索时间。您还将编写一个脚本，它能自动剔除旧数据，确保报告只包含最新的漏洞信息。

第 10 章
维护数据库

现在数据库中包含从 Nmap 和 OpenVAS 扫描结果中解析出的有关主机和漏洞的信息。为生成有意义的报告，需要确保数据库质量上乘，包含准确、一致和最新的环境信息。另外，能够快速生成报告也大有裨益。本章的示例演示了如何改善数据库，如何添加索引以提高查询性能，以及如何通过限制可添加到索引中的值来确保数据完整性。另外，本章还将介绍如何自动删除过时的数据，确保报告只依据最新的漏洞信息。

10.1 定义数据库索引

在 MongoDB 中，将键设置为索引相当于告诉底层系统，在文档集合中多次搜索该键值对的操作可能会被执行，因此 MongoDB 将为这个键去维护值索引，从而极大地提高搜索和检索操作的速度。

在 MongoDB 中，为何要给文档集合添加索引呢？原因有 2 个。首先，通过将某个键设置为索引，可更快速而高效地搜索这个键。当数据库很大，而且还编写了大量数据库查询操作的分析脚本时，这种做法将变得更为重要。

其次，索引有助于确保数据完整性。索引具有独一无二性，它向 MongoDB 指出，只能有一个文档有给定的键值，这让数据库更有弹性，能够避免意外的数据重复。例如，将 IP 地址键设置为独一无二的索引，那么在添加新文档时，如果其 IP 地址与现有文档的 IP 地址相同，那么这种操作将引发错误。

10.1.1　设置索引

要设置索引，可使用 createIndex 命令。这里只将每个集合中独一无二的标识字段（即 hosts 集合中的 IP 地址和 vulnerabilities 集合中的 OID）设置为索引。设置索引的语法如下：

```
db.hosts.createIndex({keyname:1}, {unique:1})
```

在上述代码片段中，*keyname* 是索引的键，而 unique:1 告诉 MongoDB，这个键是独一无二的。

接下来，打开 MongoDB 并设置 2 个索引，如程序清单 10-1 所示。

程序清单 10-1　创建索引

```
$ mongo
> use vulnmgt
switched to db vulnmgt
> db.hosts.createIndex({ip:1}, {unique:1})
❶ {
      "createdCollectionAutomatically" : false,
      "numIndexesBefore" : 1,
      "numIndexesAfter" : 2,
      "ok" : 1
  }
> db.vulnerabilities.createIndex({oid:1}, {unique:1})
  {
      "createdCollectionAutomatically" : false,
      "numIndexesBefore" : 1,
      "numIndexesAfter" : 2,
      "ok" : 1
  }
```

创建索引可能需要较长的时间，这取决于文档集合的规模。如果文档集合很大，就更应该创建索引。如果 createIndex 命令成功了，它将返回一个 JSON 文档，文档中包含有关该索引的信息❶。

10.1.2　测试索引

创建独一无二的索引后，对其进行测试，确认不能通过现有的键值来插入新文档。为此，可找出一个既有的键，并尝试使用这个键值来新建一个文档，如程序清单 10-2 所示。

程序清单 10-2　测试唯一性约束

```
> db.hosts.find({ip: "10.0.1.18"})
{ "_id" : ObjectId("57d734bf1d41c8b71daaee13"), "mac" : { "vendor" : "Raspberry Pi Foundation",
"addr" : "B8:27:EB:59:A8:E1" }, "ip" : "10.0.1.18", "ports" : [ { "port" : "22", "state" :
"open", "service" :
--snip--
> db.hosts.insert({ip:"10.0.1.18"})
WriteResult({
    "nInserted" : 0,
    "writeError" : {
        "code" : 11000,
  ❶ "errmsg" : "insertDocument :: caused by :: 11000 E11000 duplicate key
        error index: vulnmgt.hosts.$ip_1 dup key: { : \"10.0.1.18\" }"
    }
})
> db.vulnerabilities.find({oid:"1.3.6.1.4.1.25623.1.0.80091"})
{ "_id" : ObjectId("57fc2c891d41c805cf22111f"), "oid" : "1.3.6.1.4.1.25623.1.0.80091", "summary" :
"The remote host implements TCP timestamps and therefore allows to compute\nthe uptime.",
"cvss" : 2.6,
--snip--
> db.vulnerabilities.insert({oid:"1.3.6.1.4.1.25623.1.0.80091"})
WriteResult({
    "nInserted" : 0,
    "writeError" : {
```

```
        "code" : 11000,
    ❷ "errmsg" : "insertDocument :: caused by :: 11000 E11000 duplicate
        key error index: vulnmgt.vulnerabilities.$oid_1 dup key: { :
        \"1.3.6.1.4.1.25623.1.0.80091\" }"
    }
})
```

当试图使用现有文档的相同索引值去添加新文档时，MongoDB 将返回 duplicate key index 错误（❶，❷）。这种错误可避免因不良代码导致的数据库集合中出现重复文档的问题。

10.1.3   定制

可将文档结构中的其他键设置为索引，例如，在第 9 章中，如果使用了散列值来唯一地标识漏洞结果，就应将该散列值（而不是 OID）作为索引。

如果数据库已经很大或预期它可能变得更大，那么现在就可以去阅读第 11 章和第 13 章，看看将使用哪些查询，进而确定要将哪些键作为索引，以缩短查询时间。

10.2   确保数据是最新的

报告的表现不可能比它依据的数据更好，因此确保数据是最新的至关重要。

将来自 Nmap 和 OpenVAS 的主机信息导入到数据库的脚本中会更新主机信息，并在需要时插入新主机。但对于老主机，该怎么办呢？假设您在 1 月份扫描了一台服务器，并将其信息添加到了数据库中，但等到 2 月份时，这台服务器退役了。这时就需要将过时的信息从数据库中剔除，以确保报告依据的是实实在在的主机和漏洞数据。

可以让漏洞数据库保持原样，因为它包含的漏洞信息相对而言变化不大。但每次导入漏洞扫描报告时（参见 9.4 节），都必须清除并重新生成漏洞映射，只要定期地扫描并导入结果，漏洞映射就不会过时。

10.2.1　确定清理参数

如果将没有出现在最后一次扫描结果中的条目都删除，将有丢失重要数据的风险。因为最后一次扫描时，有些系统可能处于离线状态或不可达状态。如果永久地保留所有的数据，数据库中可能充斥着无关的数据，导致更难找到需要的动态信息。对于过时的数据，应保留多久呢？或者说对于特定的主机，在多少次扫描后其数据都没有更新时，可认为它已退役，并能将它删除呢？

答案取决于组织多久扫描一次以及组织的资产管理策略。在 10.2.2 节的脚本中，假设每周扫描一次，同时对于持续 1 个月（即 4 次扫描）都没有更新的信息，就认为它已过时，进而将其删除。

本书前面介绍插入所有数据库条目的脚本时，设置了时间戳，并在更新数据时更新时间戳。因此，可根据这些时间戳来找出并删除 hosts 数据库中至少 4 周没有更新的文档。

执行这种清理的方式有多种：在 MongoDB 命令行中手工执行命令；编写一个自动运行 MongoDB 命令的 bash 脚本；使用 Python 脚本执行这些操作。出于一致性考虑，本节将使用 Python 来执行清理操作。

10.2.2　使用 Python 清理数据库

程序清单 10-3 通过删除从特定日期到当前一直没变的数据来清理数据库。默认情况下，这个脚本假设 28 天前的数据都是过时的，可将其删除。

程序清单 10-3　一个简单的数据库清理脚本（db-clean.py）

```
#!/usr/bin/env python3

# v0.2
# Andrew Magnusson

from pymongo import MongoClient
```

```
import datetime, sys

client = MongoClient('mongodb://localhost:27017')
db = client['vulnmgt']

❶ olderThan = 28

def main():

❷ date = datetime.datetime.utcnow()
❸ oldDate = date - datetime.timedelta(days=olderThan)

❹ hostsremoved = db.hosts.find({'updated': {'$lt': oldDate}}).count()
❺ db.hosts.remove({'updated': {'$lt': oldDate}})

❻ print("Stale hosts removed:", hostsremoved)

main()
```

这个脚本确定当前日期❷，再使用 olderThan❶来确定要删除的文档的截止日期❸。
然后，它查询数据库以获取一个列表，其中包含 updated 值早于截止日期的所有文档❹。最后，再让 MongoDB 将这些文档都删除❺并打印由被删除的文档组成的列表❻。

由于这个脚本设置删除间隔为 28 天，因此应至少每 28 天执行它一次，为此可使用 cron 来调度它。第 12 章将更详细地介绍调度操作。

10.2.3   定制

请根据执行 Nmap 和漏洞扫描器的时间间隔，在程序清单 10-3 所示的脚本中相应地定制"过时数据"变量（olderThan）。第 12 章将更详细地讨论扫描间隔。

还可使用 MongoDB TTL 索引（而不是脚本）。通过在主机文档集合中添加 TTL 索引，可让 MongoDB 自动删除至少 28 天未变的已更新字段的文档。请避免在数据分析期间自动执行这些删除操作。

10.3　小结

提高数据库的速度并改善数据的质量后，可想想这个数据库能够为您做什么了。第 11 章将介绍如何从数据库中提取信息，并以适合阅读的形式呈现出来，这就是简单的资产和漏洞报告。

第 11 章　生成资产和漏洞报告

现在有了一些资产和漏洞数据，可以使用它们来生成数据库中每台设备的资产信息报告。

如果老板提出如下问题：我们有多少台 Linux 服务器？我们有多少台台式机存在我今天早上在新闻中听到的零日漏洞？您就可使用本章的报告提供可靠的答案。阅读本章之前，务必完成第 10 章的数据库维护步骤。

11.1　资产报告

资产报告是环境中所有系统的概述，包含各个系统使用的操作系统、运行的服务以及存在的漏洞数量。在需要大致了解组织中各台主机的漏洞情况时，资产报告很有用。这个报告可回答以下 4 个问题。

❑ 环境中有多少台主机？

❑ 环境中有多少台 Linux 服务器？

❑ 生产服务器中存在多少个漏洞？

❑ 哪些工作站最亟须打补丁？

11.1.1   规划报告

规划报告时，请确认报告应包含的信息。您已经有大量的数据，其中包括一个主机清单，该清单中包含操作系统信息、开放端口、服务和漏洞。您可将所有这些数据都放到一个大型电子表格中，如果这样做的话，查看报告时还得挑着看。有鉴于此，这里将创建一个 CSV 文件（它比电子表格更小，阅读起来更容易），且只包含最重要的数据。

可使用 Microsoft Excel 或其他任何电子表格程序来查看 CSV 文件中的数据并对其进行排序，创建更详尽的报告或做进一步的数据分析。例如，可创建一个透视表以展示各种操作系统存在的漏洞数量，还可利用操作系统或开放端口对资产列表进行汇总。

这里的脚本将从数据库中收集每台主机的如下信息：

❏ IP 地址；

❏ 主机名（如果有的话）；

❏ 操作系统；

❏ 开放的（TCP 和 UDP）端口；

❏ 被检测到的服务；

❏ 发现的漏洞数量；

❏ 漏洞列表（CVE）。

表 11-1 中列出了各列的输出示例数据，其中开放的端口、被检测到的服务和 CVE 列表等列是用分号分隔的值列表。

通过折叠包含多个值的字段，让数据是可搜索的，但是代码的可读性有所降低。然而，为使用单个 CSV 格式的记录表示所有的数据，这种折中不可避免。

表 11-1   资产报告输出格式

列名	示例数据
IP 地址	10.0.1.1
主机名	
操作系统	NetBSD 5.0-5.99.5
开放的 TCP 端口	53; 5009;10000;
开放的 UDP 端口	
检测到的服务	domain; snet-sensor-mgmt; airport-admin
发现的漏洞数量	1
CVE 列表	NOCVE

11.1.2   获取数据

由于这里要专注于主机，因此第一项任务是获取一个主机列表。在这个 MongoDB 数据库中，您使用了 IP 地址来唯一地标识每台主机，因此对于每个 IP 地址，只有一个与之对应的文档。

为从 hosts 集合中获取不重复的 IP 地址列表，请在 MongoDB shell 中执行如下命令：

```
> db.hosts.distinct("ip")
```

有了这个列表后，运行程序清单 11-1 所示的查询，使用 find 来获取给定 IP 对应主机的详细信息。

程序清单 11-1　针对一个 IP 地址的 MongoDB 输出（为清晰起见，重新设置了格式）

```
❶ > db.hosts.find({ip:"10.0.1.18"})
  {
    "_id": ObjectId("57d734bf1d41c8b71daaee13"),
```

```
    "mac": {
      "vendor": "Raspberry Pi Foundation",
      "addr": "B8:27:EB:59:A8:E1"
    },
    "ip": "10.0.1.18",
❷  "ports": [
      {
        "state": "open",
        "port": "22",
        "proto": "tcp",
        "service": "ssh"
      },
      {
        "state": "open",
        "port": "80",
        "proto": "tcp",
        "service": "http"
      },
--snip--
    "updated": ISODate("2020-01-05T02:19:11.974Z"),
❸  "hostnames": [],
    "os": [
      {
        "cpe": [
          "cpe:/o:linux:linux_kernel:3",
          "cpe:/o:linux:linux_kernel:4"
        ],
❹      "osname": "Linux 3.2 - 4.0",
        "accuracy": "100"
      }
    ],
    "oids": [
      {
        "proto": "tcp",
❺      "oid": "1.3.6.1.4.1.25623.1.0.80091",
```

```
      "port": "general"
    }
  ]
```

在查询 db.hosts.find❶的输出中，包含如下内容：开放的端口（❷，这包括端口号、协议 proto 和服务的名称）；被检测到的主机名（如果有的话）列表❸；被检测到的操作系统的名称（❹，如果有的话）；扫描器在主机中发现的漏洞的 OID❺。

要查找主机文档中的每个 oid，以获取相关联的 CVE，可使用程序清单 11-2 中所示的脚本。

程序清单 11-2　与一个 oid 相关联的 MongoDB 输出摘录（为清晰起见，重新设置了格式）

```
> db.vulnerabilities.find({oid:"1.3.6.1.4.1.25623.1.0.80091"})
{
  "_id": ObjectId("57fc2c891d41c805cf22111f"),
  "oid": "1.3.6.1.4.1.25623.1.0.80091",
  "summary": "The remote host implements TCP timestamps and therefore allows
  to compute\nt he uptime.",
  "cvss": 2.6,
  "vuldetect": "Special IP packets are forged and sent with a little delay in
  between to the\ntarget IP. The responses are searched for a timestamps. If
  found, the\ntimestamps are reported.",
  "bid": "NOBID",
  "affected": "TCP/IPv4 implementations that implement RFC1323.",
  "threat": "Low",
  "description": "It was detected that the host implements RFC1323.\n\nThe
  following timestamps were retrieved with a delay of 1 seconds in-between:\nPaket 1: 1
  \nPaket 2: 1",
  "proto": "tcp",
  "insight": "The remote host implements TCP timestamps, as defined by
  RFC1323.",
--snip--
  "impact": "A side effect of this feature is that the uptime of the remote\nhost
  can sometimes be computed.",
```

```
❶ "cve": [
     "NOCVE"
   ],
   "name": "TCP timestamps",
   "updated": ISODate("2020-10-11T00:04:25.601Z"),
   "cvss_base_vector": "AV:N/AC:H/Au:N/C:P/I:N/A:N"
}
```

当前，我们只对与漏洞相关联的 CVE❶感兴趣，但在程序清单 11-2 的输出中，包含
大量其他的信息，可在后面对其进行挖掘。这些通用查询获取的信息比需要的多，因此
使用脚本将会解析出我们需要的信息。

正如您在 9.4 节看到的，每个 OID 都可能与多个 CVE 相关联。计算漏洞总数时，该
将每个相关联的 CVE 视为一个漏洞呢，还是只计算 OID 数量（OID 数量也许与 CVE 数
量不同）呢？11.1.3 节介绍的脚本使用了 OID 计数，因为 OID 计数能更好地反映了扫描
器返回的结果。通常，与同一个 OID 相关联的多个 CVE 通常极其相似。还有一种做法是，
根据 NOCVE 或 CVE-XXX-XXXX 的个数来计算漏洞数量，如果只对严重到有 CVE 标识
符的结果感兴趣（而不考虑 OpenVAS 返回的大量不严重的结果），那么这种方法就是合
理的。

11.1.3　脚本代码

程序清单 11-3 使用了 11.1.2 节的查询来生成资产报告。

程序清单 11-3　脚本 asset-report.py 的代码

```
#!/usr/bin/env python3
from pymongo import MongoClient
❶ import datetime, sys, csv
client = MongoClient('mongodb://localhost:27017')
db = client['vulnmgt']
outputFile = "asset-report.csv"
```

```
❷ header = ['IP Address', 'Hostname', 'OS', 'Open TCP Ports','Open UDP Ports',
'Detected Services', 'Vulnerabilities Found','List of CVEs']
   def main():
       with open(outputFile, 'w') as csvfile:
           linewriter = csv.writer(csvfile)
❸          linewriter.writerow(header)
           iplist = db.hosts.distinct("ip")
❹      for ip in iplist:
               details = db.hosts.find_one({'ip':ip})
               openTCPPorts = ""
               openUDPPorts = ""
               detectedServices = ""
               serviceList = []
❺          for portService in details['ports']:
                   if portService['proto'] == "tcp":
                       openTCPPorts += portService['port'] + "; "
                   elif portService['proto'] == "udp":
                       openUDPPorts += portService['port'] + "; "
                   serviceList.append(portService['service'])
❻          serviceList = set(serviceList)
               for service in serviceList:
                   detectedServices += service + "; "
               cveList = ""
❼          if 'oids' in details.keys():
                   vulnCount = len(details['oids'])
                   for oidItem in details['oids']:
                       oidCves = db.vulnerabilities.find_one({'oid':
                       oidItem['oid']})['cve']
                       for cve in oidCves:
                           cveList += cve + "; "
               else:
                   vulnCount = 0
❽          if details['os'] != []:
                   os = details['os'][0]['osname']
```

```
        else:
            os = "Unknown"
        if details['hostnames'] != []:
            hostname = details['hostnames'][0]
        else:
            hostname = ""
❾ record = [ details['ip'], hostname, os, openTCPPorts,
        openUDPPorts, detectedServices, vulnCount, cveList]
        linewriter.writerow(record)
❿ csvfile.close()
main()
```

这个脚本主要由 2 个部分组成：头部和声明，以及 main()中的主循环。为输出到 CSV 文件，导入了 Python 库 csv❶。CSV 文件的总体格式是使用 header 数组设置的❷，这个数组将是被写入到输出文件中的第一行❸。

这个脚本中的主循环❹遍历 MongoDB 数据库中的不同 IP 地址列表，并检索与每个 IP 地址相关联的文档。首先，我们从 ports 结构❺中获取所有开放的端口（TCP 和 UDP）和服务名，通过将服务名列表转换为集合❻来复制它（因为多个端口可能报告相同的服务名），再将端口和服务名写入到分号分隔的字符串中。为获取漏洞数量和漏洞列表，我们会检查主机详细信息中的 oids 键，计算找到的 OID 数量，再查询集合 vulnerabilities 以获取相应的 CVE 标识符❼。接下来，收集操作系统名称，并将没有被检测到的操作系统设置为 Unknown❽。最后，将所有这些信息放在 CSV 输出文件中的一行❾，并将其写入到输出文件，再接着处理列表中的下一个 IP 地址。在循环处理完所有 IP 地址后，关闭 CSV 文件，将输出写入到磁盘中❿。

11.1.4　定制

可将资产报告输出为格式良好的 HTML、PDF 或 Word 文档，Python 提供了将数据写入这三类文档中的模块，但在其他程序中对这些格式的报告进行修改和排序时，不如

CSV 格式的文档那么容易，因此您可能想在脚本中按照 IP 地址、操作系统或漏洞数量对资产进行排序后，再将信息写入文件。

可根据需要收集资产的其他细节，或对某些字段做进一步的处理。例如，检测到的操作系统的名称常常过于细致（或不够细致），对聚合来说用处不大。因此，可使用字符串匹配或正则表达式来处理 osname 字段，以创建一个操作系统类型（如 Windows 或 Linux）字段，以便按照更笼统的操作系统类型来对主机进行分类。

如果要报告主机子集，可在 MongoDB 中查询或在 Python 脚本中添加相应的逻辑，以选择返回记录的子集。有关如何做的更详细信息，请参阅第 13 章。

11.2　漏洞报告

漏洞报告概述环境中的特定漏洞，在需要解决紧急的漏洞时很有用。例如，可使用它证明特定的漏洞广泛地存在于组织中，为安装紧急补丁提供依据。

为生成这种报告，编写一个脚本，在 MongoDB 数据库中查找相关的数据，并将其输出到一个 CSV 文件中，以便在电子表格做进一步的分析。

11.2.1　规划报告

与前面一样，首先需要确定要研究环境中的哪些漏洞。在从扫描结果中导入的漏洞数据库 vulnmgt 和数据库 cvedb（这个数据库是 cve-search 创建的，是大部分漏洞详细信息的来源）中，有很多字段与当前的工作不相干。要专注于哪些数据呢？就目前而言，报告中包含如下数据项便足够了：

❑ CVE ID；

❑ 名称（来自 cvedb）；

❑ 描述（来自 cvedb）；

❑ CVSS 评分（来自 cvedb）；

❑ CVSS 详情（来自 cvedb）；

❑ 存在该漏洞的主机数量；

❑ 存在该漏洞的主机（用 IP 地址表示）列表。

字段"主机数量"和 CVSS 让您能够在电子表格中对结果进行排序，从而确定漏洞的优先级。

表 11-2 列出了每列的示例数据。同样，对于字段中的多个值，用分号分隔来表示。

表 11-2   漏洞报告的输出格式

列名	示例数据
CVE ID	NOCVE
描述	这台远程主机实现了 TCP 时间戳；支持计算运行时间
CVSS	2.6
对机密性的影响；对完整性的影响；对可用性的影响	部分；无；无
访问向量；访问复杂度；是否需要验证身份	网络；高；不需要
影响的主机数量	1
主机列表	10.1.1.31

11.2.2   获取数据

漏洞信息存储在各个主机文档中，并由 OpenVAS OID 引用，因此必须先从扫描结果的所有主机文档中获取一个 OID 列表，再根据集合 vulnerabilities 确定每个漏洞的 CVE（可能没有相应的 CVE），接着从集合 cvedb 中获取 CVE 详情。程序清单 11-4 中的伪代码展示了这种逻辑。

程序清单 11-4　查找相关 CVE 的伪代码

```
For each host in hosts:
    Get all OIDs
    For each OID:
        Get CVE
        Associate CVE with host (CVE => (list of affected hosts) map)
For each CVE:
    Get cvedb fields
    Get and count hosts that are associated with this CVE
    Build output CSV line
```

通过动态地建立逆向关联（从 CVE 到主机），可避免创建一个只包含主机和 CVE 对的独立数据库集合，从而减少了开销。

有些 OID 可能有多个 CVE，为处理这种情况，可以将包含多个 CVE 的 OID 分成多个 CSV 行，也可以只选择第 1 个 CVE，并忽略其他的 CVE（因为这些 CVE 几乎是相同的）。在 11.2.3 节的脚本中，采用的是第一种做法。

11.2.3　脚本代码

程序清单 11-5 中列出了生成漏洞报告的代码。

程序清单 11-5　脚本 vuln-report.py 的代码

```
#!/usr/bin/env python3
from pymongo import MongoClient
import datetime, sys, csv
client = MongoClient('mongodb://localhost:27017')
db = client['vulnmgt']
cvedb = client['cvedb']
outputFile = "vuln-report.csv"
```

```
header = ['CVE ID', 'Description', 'CVSS', 'Confidentiality Impact','Integrity Impact',
'Availability Impact', 'Access Vector','Access Complexity', 'Authentication Required', 'Host
s Affected','List of Hosts']
def main():
        with open(outputFile, 'w') as csvfile:
         linewriter = csv.writer(csvfile)
           linewriter.writerow(header)
             hostCveMap = {}
           hostList = db.hosts.find({'oids': {'$exists' : 'true'}})
❶ for host in hostList:
            ip = host['ip']
    ❷ for oidItem in host['oids']:
             cveList = db.vulnerabilities.find_one({'oid':
             oidItem['oid']})['cve']
            for cve in cveList:
                 if cve == "NOCVE":
                 continue
           ❸ if cve in hostCveMap.keys():
                 if ip not in hostCveMap[cve]:
                    hostCveMap[cve].append(ip)
            else:
                 hostCveMap[cve] = [ ip ]
 ❹ for cve in hostCveMap.keys():
             cvedetails = cvedb.cves.find_one({'id': cve})
             affectedHosts = len(hostCveMap[cve])
        listOfHosts = ""
        for host in hostCveMap[cve]:
            listOfHosts += host + "; "
                if (cvedetails):
            if "impact" not in cvedetails:
                 cvedetails["impact"] = {"availability": None,
                 "confidentiality": None, "integrity": None }
            if "access" not in cvedetails:
```

```
                    cvedetails["access"] = {"authentication": None,
                    "complexity": None, "vector": None }
               record = [ cve, cvedetails['summary'], cvedetails['cvss'],
                    cvedetails['impact']['confidentiality'],
                    cvedetails['impact']['integrity'],
                    cvedetails['impact']['availability'],
                    cvedetails['access']['vector'],
                    cvedetails['access']['complexity'],
                    cvedetails['access']['authentication'],
                    affectedHosts, listOfHosts ]
               else:
                    record = [ cve, "", "", "", "", "", "", "",
                    affectedHosts, listOfHosts ]
               ❺ linewriter.writerow(record)
     csvfile.close()
main()
```

由于这个脚本的结构与 asset-report.py（程序清单 11-3）很像，因此这里只介绍难以理解的部分。脚本中有 2 个主循环，其中一个遍历每台主机并建立 CVE 到主机的映射❶，另一个遍历生成的映射并针对每个相关的 CVE 输出一行❹。

第 1 个循环遍历每个主机文档并收集一个 OID 列表❷，再使用集合 vulnerabilities 将这些 OID 解析为 CVE ID（如果有的话）。接下来，生成一个字典，将每个 CVE ID 映射到一个高危主机（由 IP 地址标识）列表。对于每个 CVE，检查是否已包含在字典 hostCveMap❸中，如果已包含，再检查当前 IP 地址是否已映射到相关的 CVE 上；如果还没有包含，就将它添加到与这个 CVE 键相关联的 IP 地址列表中。如果 CVE 未包含在 hostCveMap 中（没有 IP 地址与之相关联），就在这个字典中新建一个 CVE 键，再创建一个包含当前 IP 地址的列表，并将其作为与这个 CVE 键相关联的值。创建好 hostCveMap 后，将进入第 2 个循环❹，它从数据库 cvedb 中收集 hostCveMap 中每个 CVE 键的详细信息。然后，将漏洞详情（包括受影响的主机列表，由一个用分号分隔的列表表示）写入到单个 CSV 输出行中❺。

11.2.4　定制

程序清单 11-5 中使用的漏洞分析方法要求将完整的 hosts 和 vulnerabilities 集合加载到内存中，如果数据集很大，包含数千台数据，而每台主机存在多个漏洞，这可能不可行。为加快这个脚本的速度，可预先创建一个集合（它包含主机和漏洞之间的一对一映射关系），再通过查询它来获取被给定 CVE 影响的所有主机。可编写一个专门完成这种任务的脚本，也可修改脚本 openvas-insert.py（程序清单 9-8），在解析 OpenVAS 输出文件期间创建这个集合。这样，就不用将完整的 hosts 和 vulnerabilities 集合加载到内存中了，但需要在其他脚本中添加一些代码、删除过时的数据并确保正确地创建了相关的索引（参见 10.1 节）。由于现在由一个独立的文档集合提供这种映射关系，因此需要修改插入和删除数据的脚本，让它们相应地修改这个映射集合。

前面说过，在本书的数据库中，只使用了 CVSSv2 评分，因为 OpenVAS 和 cve-search 都不提供 CVSSv3 评分。在组织环境中，如果 CVSSv3 评分很重要，请使用其他数据源来填补这个空缺。

在这个脚本中，忽略了 CVE 值为 NOCVE 的所有 OpenVAS 结果，因为这些问题通常不严重。如果要在报告中包含这些问题，必须从 OpenVAS 数据（而不是 CVE 数据库）中提取这些结果的大部分字段。

11.3　小结

本章使用漏洞数据库中的数据生成了报告。由于数据库最重要的 2 个方面是通过扫描发现的主机（资产）和漏洞，因此基于这 2 个方面来生成报告也就再自然不过了。

第 12 章将介绍如何让漏洞扫描计划完全自动化。然后，第 13 章将介绍如何根据扫描收集到的数据生成更复杂的报告。

第12章 自动执行扫描和生成报告

至此，您创建了扫描网络、将扫描结果导入到数据库以及根据数据库生成报告的脚本。每当需要有关组织漏洞状况的最新信息时，都可手工运行所有脚本，但为何不再编写一个脚本来完成这项工作呢？本章将使用 bash 脚本 automation.sh 来自动执行这个过程。

自动化听起来很复杂，但简单的自动化脚本只是依次运行其他脚本（如程序清单 12-1 所示），同时使用 cron 进行调度，使其每隔一段时间执行一次。

程序清单 12-1　一个简单的自动化脚本

```
#!/bin/bash
run-script-1
run-script-2
--snip--
run-script-x
```

automation.sh 将运行第 8～11 章编写的脚本。

12.1　设想自动化过程

编写脚本 automation.sh 前，先将这个过程从头到尾捋一遍，让您清楚地知道要自动化哪些任务以及以什么样的顺序自动执行它们。

如图 12-1 所示，突出了第 1 章介绍的漏洞管理生命周期中要自动化的步骤——收集数据和分析数据。

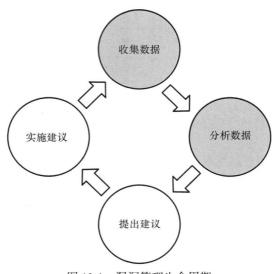

图 12-1   漏洞管理生命周期

12.1.1   收集数据

收集数据通常由 2 个阶段组成：执行扫描，再对扫描结果进行解析并将数据导入到数据库中。这在第 8 章和第 9 章介绍过。

第一步，运行 Nmap，将结果输出到 XML 文件中。

第二步，运行脚本 nmap-insert.py，对 XML 输出进行解析并填充到 MongoDB 数据库中。

第三步，运行 OpenVAS，将结果输出到 XML 文件中。

第四步，运行脚本 openvas-insert.py，对 XML 输出进行解析并填充到 MongoDB 数据库中。

本章的自动化脚本将执行这些步骤，并给 XML 输出的中间打上时间戳，方便以后查看。

> **串行执行还是并行执行**
>
> 一些数据收集步骤可以被并行地执行，而不是每次执行一个任务，等它完成后再执行下一个任务。例如，可同时执行 Nmap 扫描和 OpenVAS 扫描，还可并行将多种结果导入到 MongoDB 数据库中。即便是对经验丰富的编码人员来说，监视多个进程并确保它们都结束后再进入下一个阶段也是严峻的挑战。所以，这里使用了一个易于编写和理解的简单脚本。

12.1.2　分析数据

数据分析相对容易：运行生成报告的脚本（第 11 章介绍的 asset-report.py 和 vuln-report.py），再将报告传送给需要的人。当然，这一步也有相当复杂的地方，这表现在报告本身和合并数据的方式上。您可使用其他工具来生成更多的报告，还可对数据进行分析。该生成什么类型的报告呢？生成多少报告呢？这取决于您积累的数据以及数据分析的动机。

12.1.3　维护数据库

第 10 章讨论了数据库维护，它虽然不是高级漏洞管理过程的组成部分，但它很重要。这是一个需要不断执行的过程，因此我们将其加入到了自动化脚本中。

12.2　规划脚本

这里的自动化脚本并不复杂，它只是执行您前面一直手工执行的脚本，并存储输出以供后续研究。操作清单很简单：收集数据再分析它们，即执行扫描、导入数据、生成报告并顺便执行数据库维护任务。然而，还有一些细微之处需要说一说。

❏ 操作的顺序：要插入数据，必须先收集数据；要生成报告，必须先插入数据。然而，除非定制了扫描，使得一次扫描的输入依赖于另一次扫描的输出，否则无须串行执行扫描。例如，如果您为了缩短 OpenVAS 扫描的时间，只扫描了 Nmap 扫描返回的 "活跃" IP 地址，那么就必须在 Nmap 扫描结束后再开始 OpenVAS 扫描。

❑ 使用简短的子脚本还是命令行：数据库插入过程很复杂，必须由专门的脚本来完成。但是，对于 Nmap 调用，使用单个命令就能完成，因此可将这个命令放在主脚本中。然而，您可能想将这种调用放在独立的简短脚本中，让主脚本更一致、更容易被阅读。在 12.3.1 节中，将讨论这方面的决策，并以不同的方式自动化 Nmap 扫描和 OpenVAS 扫描。

❑ 传送输出：运行 asset-report.py 和 vuln-report.py 的脚本将生成报告，但生成报告后，需要决定如何处理它们。您可能将它们保存到一个共享文件夹中，通过 Web 表单将它们上传到安全的地方，或者通过 E-mail 将它们发送给您。无论您选择哪种做法，都必须确保报告最终位于一个您不会忘记的地方。

❑ 确保环境组织有序：每次运行脚本时，都将扫描生成的临时文件删除，或者将它们保存到下次扫描时不会被新扫描结果覆盖的地方。为了确保环境组织有序，需要参考旧的扫描结果时，可直接查看这些临时文件，而无需通过数据库。

❑ 与其他调度的任务同步：不要在系统更新（第 7 章）和数据库清理（第 10 章）期间执行数据收集、报告生成、更新和维护任务。应该在不会发生冲突时执行这些任务，以免结果不完整或不准确。

考虑上述问题后，便可确定脚本 automation.sh 的大致轮廓了。

第一，运行数据库清理脚本（db-clean.py），将超过 1 个月的数据删除。

第二，对配置的网络范围执行 Nmap 扫描，并将输出保存到一个带时间戳的 XML 文件中。

第三，将之前的 Nmap 扫描结果导入到数据库中（nmap-insert.py）。

第四，对配置的网络范围执行 OpenVAS 扫描，并将输出保存到一个带时间戳的 XML 文件中。

第五，将之前的 OpenVAS 扫描结果导入到数据库中（openvas-insert.py）。

第六，运行生成报告的脚本，并将输出保存到一个带时间戳的 CSV 文件中。

12.3 节将介绍如何实现这些规划决策。

12.3 编写脚本

知道脚本需要执行的任务及按什么样的顺序执行后，就可以编写脚本了。脚本编写好后，将决定其运行间隔，这样就有一个管用的漏洞管理系统了。

介绍脚本代码前，需要说一下基于 12.2 节概述的关注点做出的几个规划决策，以及做出这些决策的原因。

12.3.1 运行 Nmap 和 OpenVAS

Nmap 扫描简单而直接，只需从命令行中运行这款工具，并指定必要的参数。有鉴于此，automation.sh 中直接运行了 Nmap，再运行 nmap-insert.py，将 Nmap 生成的 XML 输出存储到数据库中。

OpenVAS 扫描要复杂些，必须使用一个 omp 命令启动扫描，并等它结束（使用另一个 omp 命令监视其进度）后运行第 3 个 omp 命令来生成 XML 输出。可在自动化脚本中直接执行这些步骤，但通过将这些 OpenVAS 命令放到独立的脚本中，可提高模块化程度、可维护性和可读性。因此，脚本 automation.sh 需要运行 OpenVAS 脚本（run- openvas.sh），并等这个脚本运行完毕后将生成的 XML 文件导入到数据库中。

12.3.2 调度脚本

为精确地控制在什么时间运行自动化脚本，可直接编辑系统的 crontab。为此，以 root

用户的身份在 /etc/crontab 末尾添加如下代码行，并将其中的 /automation.sh 替换为脚本 automation.sh 的路径：

```
4 0 * * 7 root </path/to/automation.sh>
```

这行代码将调度自动化脚本，使其在每个周日的上午 12 时 04 分（系统时间）运行。也可将自动化脚本或指向它的符号链接放在/etc/cron.weekly 中，或放在对您选择的扫描间隔来说最适合的目录中。

由于使用了 cron 来运行程序清单 7-4 所示的系统更新脚本，因此请确保这 2 个脚本（系统更新脚本和自动化脚本）不会同时运行。大多数系统都按字母顺序运行目录 /etc/cron.xxxx 中的条目，但将脚本放在这里以便对其进行调度前，还是要确保它们不会同时运行。如果将脚本直接放在 crontab 中，请在更新脚本和自动化脚本的运行时间之间留出足够安全的间隔，最好的做法是确保它们不在同一天运行。

12.3.3   脚本代码

程序清单 12-2 和程序清单 12-3 分别列出了要运行的脚本 automation.sh 和 run-openvas.sh 的代码。调度前别忘了将它们设置为可执行文件（执行命令 chmod +x filename）。

程序清单 12-2   脚本 automation.sh 的代码

```
#!/bin/bash
❶ TS='date +%Y%m%d'
SCRIPTS=/path/to/scripts
OUTPUT=/path/to/output
RANGE="10.0.0.0/24"
LOG=/path/to/output-$TS.log
date > ${LOG}
❷ echo "Running database cleanup script." >> $LOG
$SCRIPTS/db-clean.py
```

```
❸ nmap -A -O -oX $OUTPUT/nmap-$TS.xml $RANGE >> $LOG
❹ $SCRIPTS/nmap-insert.py $OUTPUT/nmap-$TS.xml >> $LOG
❺ $SCRIPTS/run-openvas.sh >> $LOG
❻ $SCRIPTS/openvas-insert.py $OUTPUT/openvas-$TS.xml >> $LOG
  SCRIPTS/asset-report.py >> $LOG
  mv $SCRIPTS/asset-report.csv $OUTPUT/asset-report-$TS.csv
  $SCRIPTS/vuln-report.py >> $LOG
  mv $SCRIPTS/vuln-report.csv $OUTPUT/vuln-report-$TS.csv
  echo "Finished." >> $LOG
```

为给 XML 和 CSV 格式的输出文件打上时间戳，先将格式为 *YYYYMMDD* 的当前时间存储在变量 TS 中❶，再使用变量 SCRIPTS 和 OUTPUT 来分别存储脚本和输出文件的路径。然后将变量 RANGE 设置为 Nmap 扫描的网络范围（别忘了 OpenVAS 是通过设置目标进行配置的，因此不受这里指定的范围的约束）。接着，将变量 LOG 设置为日志文件的位置，这个文件也将打上当前时间戳，并存储每个命令的 STDOUT 输出，供以后审查。每个日志文件和输出文件都带时间戳，这样以后遇到问题或需要做额外的分析时，很容易查看脚本输出。

然后运行数据库清理脚本❷，以确保数据库中没有过时的数据。这个脚本直接调用 Nmap❸，使用程序清单 12-3 所示的脚本来运行 OpenVAS❺。运行数据库插入脚本❹、❻后，运行生成资产报告和漏洞报告的脚本，并将它们的输出文件移到目录 OUTPUT 中。然后，在 LOG 文件中添加文本行"Finished."，让我们知道自动化脚本已运行完毕。

程序清单 12-3 列出了脚本 run-openvas.sh 的代码。

程序清单 12-3　执行 OpenVAS 扫描的包装器脚本

```
#!/bin/bash
❶ OUTPUT=/path/to/output
  TS='date +%Y%m%d'
❷ TASKID=taskid
  OMPCONFIG="-c /path/to/omp.config"
❸ REPORTID=' omp $OMPCONFIG --start-task $TASKID |
```

```
    xmllint --xpath '/start_task_response/report_id/text()' -'
❹ while true; do
    sleep 120
  ❺ STATUS='omp $OMPCONFIG -R $TASKID |
    xmllint --xpath 'get_tasks_response/task/status/text()' -'
    if [ $STATUS = "Done" ]; then
      ❻ omp $OMPCONFIG -X '<get_reports report_id="'$REPORTID'"/>'|
        xmllint --format - > $OUTPUT/openvas-$TS.xml
        break
    fi
done
```

这个脚本假定已通过 Greenbone 的 GUI 或命令行创建了一个扫描任务（参见第 8 章）。每次扫描都使用相同的任务时，GUI 中将出现报告的历史记录。接着，将变量 TASKID 设置为这个任务的全局唯一标识符（GUID，这个标识符是从命令行 XML 输出或 GUI 中获悉的）❷，并用 OpenVAS 凭证将变量 OMPCONFIG 设置为配置文件的路径。然后，调用 omp 启动指定的任务❸。

命令 omp 返回大量的 XML 数据，使用 xmllint（XML 工具中的瑞士军刀）对其进行解析。标志--xpath 指定从特定位置返回的数据：在标签 start_task_response 中，标签 report_id 的文本内容。接着，存储得到的报告 ID，以供后面获取扫描报告❻。

这个脚本的余下部分是一个简单的循环❹：等待两分钟；检查任务的当前状态（❺，这里也使用了 xmllint）；状态变为 Done 后，生成最终的报告❻并退出循环。至此，配置的输出文件夹❶中将有一份报告，可接着运行程序清单 12-2 所示的其他自动化代码。

12.3.4   定制

如果您使用了多个扫描器，需要自己创建扫描脚本和数据库插入脚本，应考虑扫描器的执行顺序以及如何将扫描结果导入到数据库。如果打算要让脚本覆盖数据库中既有的结果，就更需要考虑这些问题。

如果您想分别执行 Nmap 扫描和漏洞扫描，或者要以不同的时间间隔扫描多个网段，可使用不同的脚本以不同的运行时间间隔来执行这些扫描。另外，细心地设置生成报告的时间，这样可以避免在扫描期间或将扫描结果导入到数据库期间生成报告。

如果您不想在每次执行新扫描时都将数据库中的旧数据清除，可调度 db-clean.py，以不同的时间间隔运行它，而不在脚本 automation.sh 中调用它。

另外，如果您不想同步执行更新脚本和数据收集/报告生成脚本，可将它们合二为一：先全面更新系统，再运行扫描脚本和报告生成脚本。需要注意的是，这将延长脚本的总体运行时间。

12.4　小结

本章自动化了扫描任务和基本报告生成任务，避免了大量手工执行的累人工作。至此，您搭建好了一个基本的漏洞管理系统，该系统会定期地扫描环境，再根据最新的数据生成并保存报告。

对漏洞管理过程有深入认识后，可做些更复杂的工作了。第 13 章将探索如何根据扫描结果生成更复杂的报告，然后，第 14 章将引入其他数据源，打造一个简单的 API，让其他工具能够集成我们的漏洞管理系统。

第 13 章

高级报告

组装好漏洞管理系统的各个繁琐部分（扫描器、数据库插入和基本报告生成）后，可着手生成复杂的报告了。到目前为止，已经生成了有关漏洞和主机的简单的 CSV 表格。本章将扩展报告，使其包含更详细的资产和漏洞信息，还将集成另外一个数据源（一个从 Exploit Database 中获取的可利用漏洞列表），以弥补内部数据收集的不足。

13.1　详细的资产报告

基本资产报告包含系统信息、漏洞数量以及漏洞的 CVE ID，为了对其进行扩展，可以做如下三方面的改进。

❑ 添加一个选项，用于通过 IP 地址来指定要在报告中包含哪些主机。

❑ 充实报告的信息，除了与主机相关的所有可用信息，还包含与主机相关联的每个漏洞的 OpenVAS 和 cve-search 数据。

❑ 以 HTML 格式输出报告，因为无法将扩展信息映射到一个简单表格中。

为了选择包含在报告中的主机，将在脚本中添加对所提供的网络范围进行筛选的逻辑。

对于每台主机，将收集并提供如下信息。

❑ IP 地址：数据库中主机的唯一标识符。

❑ 主机名：在有些环境中，尤其是包含大量使用 NetBIOS 的 Windows 主机的网络中，使用主机名来标识主机可能更容易。

❑ MAC 信息：仅当扫描器能够收集主机的 MAC 地址时，这种信息才算是有价值的，但它是另一种唯一地标识主机的方式，还让您能够了解到主机的联网硬件。

❑ 检测到的操作系统（如果有多个，选择准确性最高的那个）：底层操作系统可帮助您对主机进行排序，以及了解各种操作系统的漏洞变化趋势。

❑ 开放端口（按协议和端口号排序）和检测到的服务：对安全团队来说，知道哪些端口处于开放状态很有用。

❑ 主机存在的漏洞：对于每台主机，在同一个地方列出其所有已知漏洞；对于每个漏洞，列出详细信息（OID、OpenVAS 名称、OpenVAS 摘要、OpenVAS CVSS 评分、OpenVAS CVSS 字符串、相关联的 CVE），这些信息都来自 OpenVAS 扫描结果。

生成的 HTML 文档如图 13-1 所示。

Asset report for 10.0.0.0/24

10.0.0.1

Hostname(s):
Detected OS: OpenWrt Chaos Calmer 15.05 (Linux 3.18) or Designated Driver (Linux 4.1) (cpe:/o:linux:linux_kernel:3.18)
MAC address: 62:B4:F7:F0:4D:78 (None)

Open TCP Ports and Services

Port Service
53　domain

Known Vulnerabilities

TCP timestamps

OID: *1.3.6.1.4.1.25623.1.0.80091*

Summary	The remote host implements TCP timestamps and therefore allows to compute the uptime.
Impact	A side effect of this feature is that the uptime of the remote host can sometimes be computed.
CVSS	2.6
CVSS Base Vector AV:N/AC:H/Au:N/C:P/I:N/A:N	

图 13-1　网络范围 10.0.0.0/24 的资产报告示例

不同于基本资产报告，这个报告没有以电子表格的方式呈现每台主机的详细信息。Open TCP Ports and Services 和 Known Vulnerabilities 部分是以表格方式呈现的，虽然图 13-1 中没有显示出这些表格的边框。

13.1.1　规划脚本

与基本资产报告的生成脚本（第 11 章的程序清单 11-3）一样，脚本 detailed-assets.py 也主要从 MongoDB 数据库的 hosts 集合中提取信息。但对于每台主机，还要呈现 OpenVAS 发现的每个漏洞（由 OID 标识）的信息，这些信息将从集合 vulnerabilities 中提取。程序清单 13-1 说明了组合这些信息的逻辑。

程序清单 13-1　脚本 detailed-assets.py 的伪代码

```
Get all unique hosts in 'hosts'

Filter per IP range, if any, passed as a command line parameter

For each host in 'hosts' after IP filter:

    Gather basic information in Mongo document

    For each OID associated with the host:

        Look up in 'vulnerabilities' collection

        Assemble data from returned document

    Format and present data
```

规划好脚本的逻辑后，该考虑实现细节了。如何将作为筛选条件的 IP 地址范围传递给脚本呢？如何根据其他条件（而不是网络范围）来筛选主机呢（有关这方面的更详细信息，请参阅 13.1.3 节）？如何设置 HTML 输出的格式呢？

在程序清单 13-2 中，使用了 yattag 库，这个库使用标准的 Python 结构和惯例来生成格式良好的 HTML 代码。yattag 库自动确保传递给它的文本字符串是 HTML 安全的，例如，它将<和>替换为<和>，并将其他实体替换为 HTML 编码的等价物，确保浏览器不会对意料之外的 HTML 代码（或脚本）进行解释。如果手工生成 HTML

标签，必须先确保从数据库提取的字符串是格式良好的 HTML，再将它们加入到输出文件中。

后面详细介绍实现这种逻辑的示例脚本时，您将获悉其他规划决策。这些代码将给您以灵感，让您能够根据实际需求定制形式（显示的 HTML）和功能（从数据库中检索的特定字段）。

13.1.2　脚本代码

由于程序清单 13-2 中的脚本 detailed-assets.py 很长，本节将把它分成多个部分来详细介绍。首先，来看这个脚本的开头部分和表格设置部分，分别是导入重要库以及 main() 函数的代码。

程序清单 13-2　脚本 detailed-assets.py 的代码（第 1 部分）

```
#!/usr/bin/env python3

from pymongo import MongoClient
from operator import itemgetter
❶ import datetime, sys, ipaddress
from yattag import Doc, indent

client = MongoClient('mongodb://localhost:27017')
db = client['vulnmgt']
outputFile = "detailed-asset-report.html"

def main():
  ❷ if len(sys.argv) > 1:
        network = sys.argv[1]
    else:
        network = '0.0.0.0/0'
```

```
        networkObj = ipaddress.ip_network(network)
❸ doc, tag, text, line = Doc().ttl()
❹ with tag('html'):
        with tag('head'):
            line('title', 'Asset report for ' + network)
```

从 Python 3 中导入了 ipaddress 库❶，还从（通过 pip 安装的）yattag 库中导入了 Doc 和 indent 函数。如果没有向这个脚本传递参数，它将报告所有主机信息，而不管这些主机位于哪个网络范围内。如果传递了一个参数，这个参数将被视为使用无类别域间路由选择（CIDR）表示法的 IP 地址范围❷。

然后初始化 yattag 结构，以创建 4 个对象（doc、tag、text 和 line）❸；在这个脚本的剩余部分，将使用这些对象来分别表示文档、标签、文本块和短（单行）标签的 HTML 结构。通过使用这 4 个对象来生成 HTML 块，在内存中创建整个文档，等到达脚本末尾时再将其写入文件中。注意这一点，因为如果结果集包含数千乃至数万项资产，相应的 HTML 文档将非常大，可能耗尽漏洞管理系统的可用内存。

使用 WITH

with 结构能够运行代码并执行设置和清理流程，但把代码复杂性抽象了出来。当运行代码 with function(): do things 时，实际上运行的是 setupFunction()、do things 和 cleanupFunction()。

---

with tag('tagname')结构❹意味着 HTML 标签 tagname 中封装了接下来缩进的代码块生成的所有输出。with 结构在其被调用的位置添加开始标签，并在代码块运行完毕后添加结束标签。在内容较长的标签（如 body 和 html 标签）中，大部分脚本代码都是使用 with 块来运行的。

来看一个简单的示例：假设要创建一个简单的 HTML 文档，如程序清单 13-3 所示。

程序清单 13-3　一个简单的 HTML 文档

```html
<html>

    <head>

        <title>This is a title!</title>

    </head>
    <body>

        <h1>This is a heading!</h1>

        <p>This is some text in a paragraph.</p>

    </body>

</html>
```

可使用 yattag 库来生成它，相应的 Python 代码片段如程序清单 13-4 所示，只需将各
个标签（title、h1、p）放在 with 块内即可。

程序清单 13-4　yattag 示例

```python
from yattag import Doc
doc, tag, text, line = Doc().ttl()
with tag('html'):
    with tag('head'):
        line('title', 'This is a title!')
    with tag('body'):
        line('h1', 'This is a heading!')
        line('p', 'This is some text in a paragraph.')
```

这个脚本余下的大部分代码都是在 html 标签中运行的。在接下来的代码片段（程序
清单 13-5）中，将检索每台主机的基本信息，并将其放在正在创建的 HTML 文档中。

程序清单 13-5　脚本 detailed-assets.py 的代码（第 2 部分）

```python
❶ with tag('body'):
        line('h1', 'Asset report for ' + network)
        iplist = db.hosts.distinct("ip")
```

```
❷ iplist.sort(key=ipaddress.ip_address)
  for ip in iplist:
    ❸ if ipaddress.ip_address(ip) not in networkObj:
          continue
      details = db.hosts.find_one({'ip':ip})
      osList = details['os']
    ❹ if osList != []:
          osList.sort(key=itemgetter('accuracy'))
          os = osList[0]['osname']
          cpe = osList[0]['cpe'][0]
      else:
          os = "Unknown"
          cpe = "None"
      hostnameString = ""
    ❺ if details['hostnames'] != []:
          for name in details['hostnames']:
              hostnameString += name + ', '

      line('h2', ip)
      line('b', 'Hostname(s): ')
      text(hostnameString)
      doc.stag('br')
      line('b', 'Detected OS: ')
      text(os + " (" + str(cpe) + ")")
      doc.stag('br')
      line('b', 'MAC address: ')
      if all (k in details['mac'] for k in ('addr', 'vendor')):
          text("{} ({})".format(details['mac']['addr'],
          details['mac']['vendor']))
      openTCPPorts = []
      openUDPPorts = []
```

```
❺ for portService in details['ports']:

        if portService['proto'] == "tcp":

            openTCPPorts.append([int(portService['port']),

            portService['service']])

        elif portService['proto'] == "udp":

            openUDPPorts.append([int(portService['port']),

            portService['service']])

    openTCPPorts.sort()

    openUDPPorts.sort()

    if len(openTCPPorts) > 0:

        line('h3', 'Open TCP Ports and Services')

        with tag('table'):

            with tag('tr'):

                line('td', 'Port')

                line('td', 'Service')

            for port, service in openTCPPorts:

                with tag('tr'):

                    line('td', port)

                    line('td', service)


    if len(openUDPPorts) > 0:

        line('h3', 'Open UDP Ports and Services')

        with tag('table'):

            with tag('tr'):

                line('td', 'Port')

                line('td', 'Service')

            for port, service in openUDPPorts:

                with tag('tr'):

                    line('td', port)

                    line('td', service)
```

创建 HTML body 块的 with 标签被嵌套在 html 块内❶。然后，从数据库中检索主机列表，再使用 ipaddress 库对其进行排序❷。这一步必不可少，因为 HTML 不像 CSV 那样容易排序。ipaddress.ip_address 是一个可用于排序的字段，如果不使用 ipaddress 库，就必须编写自定义的排序函数，并考虑 IP 地址采用点分十进制表示。

脚本的主体部分会遍历 IP 地址。首先检查当前主机是否在指定的 IP 地址范围内❸，如果是这样的，就生成一个 HTML 块，其中包含来自数据库的主机详细信息。操作系统检测可能生成多个选项，因此这个脚本首先按准确度对它们进行排序，再报告第 1 个结果❹（可能有多个准确度为 100% 的猜测，因此请对猜测持保留态度）。接下来，创建一个包含所有相关联主机名的列表❺，收集开放的 TCP 和 UDP 端口❻，再分别以表格方式呈现 TCP 开放端口和 UDP 开放端口。

程序清单 13-6 列出了脚本 detailed-assets.py 的最后主要输出部分：对于每台主机，都列出它存在的所有漏洞以及这些漏洞的基本信息。

程序清单 13-6　脚本 detailed-assets.py 的代码（第 3 部分）

```
❶ if 'oids' in details:
      line('h3', 'Known Vulnerabilities')
      for oidItem in details['oids']:
          oidObj = db.vulnerabilities.find_one({'oid':oidItem['oid']})
          line('h4', oidObj['name'])
          with tag('p'):
              text('OID: ')
              line('i', oidObj['oid'])
          with tag('table'):
              with tag('tr'):
                  line('td', 'Summary')
              ❷ if 'summary' in oidObj:
                      line('td', oidObj['summary'])
                  else:
                      line('td', "")
```

```
                              with tag('tr'):
                                  line('td', 'Impact')
                                  if 'impact' in oidObj:
                                      line('td', oidObj['impact'])
                                  else:
                                      line('td', "")
                              with tag('tr'):
                                  line('td', 'CVSS')
                                  line('td', oidObj['cvss'])
                              with tag('tr'):
                                  line('td', 'CVSS Base Vector')
                                  line('td', oidObj['cvss_base_vector'])
                      oidCves = db.vulnerabilities.find_one({'oid':oidItem['oid']})['cve']
                      if oidCves != ['NOCVE']:
                          line('h5', 'Associated CVE(s):')
                          with tag('ul'):
                              for cve in oidCves:
                                  line('li', cve)
              doc.stag('hr')
  ❸ with open(outputFile, 'w') as htmlOut:
          htmlOut.write(indent(doc.getvalue()))
          htmlOut.close()

main()
```

该脚本首先检查是否有与当前主机相关联的 OID❶，再遍历这些 OID 以收集详细信息。在报告所包含的字段中，很多字段在 OpenVAS 扫描结果中都是可选的，因此尝试插入标签前，需要检查它是否存在❷。创建好 HTML 文档后，使用另一个 with 标签❸将整个文件写入输出文件后再退出。indent 函数让输出阅读起来更容易。这样，我们便生成了如图 13-1 中所示的报告。如果您花点时间改进这个 HTML 文档，可让它更漂亮些。

13.1.3 定制

可将脚本 detailed-assets.py 生成的结构化数据放在 Word 文档、PDF 或 JSON 结构中，以便将其发送给另一个系统做进一步的分析。如果不怕麻烦，甚至可以以 CSV 表格的方式呈现它们，本书将这项任务留给您去完成。

可根据 host 文档中的任何字段（如 hostnames 或 os.cpe，而不是 IP 地址范围）进行筛选。可在命令行中添加更多的筛选选项，也可在脚本中直接构建筛选器（如果确定每次生成详细的资产报告时都要使用它们）。

如果不想再安装另一个 Python 库，可手工生成 HTML 标签——创建相应的字符串并将其写入到输出文件中。如果选择这样做，就必须确保从 MongoDB 中返回的所有数据（尤其是没有格式限制的文本字段）都是 HTML 安全的。

可使用主机名（而不是 IP 地址）来对主机进行标识和排序，在只使用 Windows 的环境中尤其如此，因为在这种环境中，工作站和服务器的主机名通常比 IP 地址更为人所知。

脚本 detailed-assets.py 在内存中生成整个 HTML 文档，再将其写入文件中。如果数据集很大或漏洞管理系统的内存有限，可修改这个脚本，以分片的方式写入文件（先输出 HTML 开始标签，再每次写入一条主机记录），这样可减少占用的内存量。

可扩展这个脚本，使其除使用 OpenVAS 扫描数据外，还从 cve-search 数据库中提取与 CVE 相关的漏洞的数据。13.2 节将介绍如何使用这个数据库。

13.2 详细的漏洞报告

这个脚本扩展了程序清单 11-5 所示的简单漏洞报告生成脚本，它从 OpenVAS 扫描结果和 cve-search 数据库中获取详细的漏洞信息，并生成一个易于阅读的 HTML 报告。我们将以命令行参数的方式添加一个 IP 地址范围筛选器，以便只查看部分主机存在的漏洞。但在这个报告中，唯一的主机信息是受各个漏洞影响的主机（用 IP 地址表示）列表和主机数量。我们还将添加一个排除没有 CVE ID 的漏洞的筛选器：假定没有存在于 CVE 中的漏洞都不够严重，没有必要详细描述它们。如果要查看数据库中所有的漏洞，只需将这个筛选器删除即可。

下面是要收集并输出的有关漏洞的信息。

❑ CVE：漏洞的 CVE ID。

❑ 摘要：漏洞的简要描述。

❑ CWE：通用缺陷列表（CWE）及指向在线 CWE 数据库的链接。

❑ 发布日期：首次向公众公布该漏洞的时间。

❑ 最后更新时间：最后一次更新漏洞信息的时间。

❑ CVSS 评分：0～10 的数字评分，指出了漏洞的总体严重程度。

❑ CVSS 详情：对于组成 CVSS 评分的如下每个部分，都在 none（无）、low（低）、medium（中）、high（高）或 critical（严重）的评分范围内，具体部分为对保密性的影响、对完整性的影响、对可用性的影响、访问向量、访问复杂度、是否需要验证身份。

❑ 引用：指向报告、补丁和分析的外部链接。

❑ 影响的主机列表：一个 IP 地址列表，指出了环境中的哪些主机受到了当前漏洞的影响。

❑ 影响的主机数量：环境中受当前漏洞影响的主机数量。

除 CVE 外，MITRE 公司还管理着 CWE 并提供全面的漏洞分类。如果您使用的某款软件存在一个漏洞，而这个漏洞的类别为 CWE-426（不可信的搜索路径），您就可搜索 CWE-426，以了解这类漏洞的工作原理。

报告包含了与 CVE 相关联的引用列表（可能包含补丁或缓解信息、有关漏洞利用程序的信息以及第三方漏洞报告），这旨在提供重要的背景信息，让组织知道如何解决当前的漏洞。

输出如图 13-2 所示。输出是按漏洞排序的，其中每个漏洞的重要信息是以 HTML 表格的方式呈现的。

Vulnerability report for 10.0.0.0/24

CVE-2014-3120

Affected hosts: 1

Summary	The default configuration in Elasticsearch before 1.2 enables dynam MVEL expressions and Java code via the source parameter to _searc the user does not run Elasticsearch in its own independent virtual ma
CWE	CWE-284 (Improper Access Control)
Published	2014-07-28
Modified	2016-12-06
CVSS	6.8
Impacts	
Confidentiality	PARTIAL
Integrity	PARTIAL
Availability	PARTIAL
Access	
Vector	NETWORK
Complexity	MEDIUM
Authentication	NONE
References	
http://bouk.co/blog/elasticsearch-rce/	
http://www.exploit-db.com/exploits/33370	
http://www.rapid7.com/db/modules/exploit/multi/elasticsearch/script_mvel_rce	
http://www.securityfocus.com/bid/67731	

图 13-2   detailed-vulns.py 输出示例

13.2.1　规划脚本

由于 detailed-vulns.py 要返回特定网络范围内的主机中的漏洞，因此第一步是找到这些主机。有了这样的清单后，可以使用它来找出出现在其中一台或多台主机中的所有漏洞。然后，根据这个漏洞清单，获取与 CVE 相关联的每个漏洞的详情，并忽略其他的漏洞。程序清单 13-7 说明了该逻辑。

程序清单 13-7   脚本 detailed-vulns.py 的伪代码

```
Get all unique hosts in 'hosts'
Filter per IP range, if any, passed as a command line parameter
For each host in 'hosts' after IP filter:
    Collect list of OIDs, insert into OID list
For each OID in OID list:
    Determine if it has a CVE; if not, go to next OID
    Gather data from associated CVE in cvedb database
    Format and present data
```

与 13.1.1 节的脚本 detailed-assets.py 一样，程序清单 13-8 也使用 yattag 来设置格式，并以 HTML 格式输出报告。由于该结构与前一个脚本相似，因此 13.2.2 节将列出整个脚本，再说说几个需要注意的地方。

13.2.2   脚本代码

程序清单 13-8 列出了脚本 detailed-vulns.py 的完整代码。

程序清单 13-8   脚本 detailed-vulns.py 的代码

```python
#!/usr/bin/env python3
from pymongo import MongoClient
import datetime, sys, ipaddress
from yattag import Doc, indent


client = MongoClient('mongodb://localhost:27017')
db = client['vulnmgt']
cvedb = client['cvedb']
outputFile = "detailed-vuln-report.html"


def main():
```

```
    if len(sys.argv) > 1:
        network = sys.argv[1]
    else:
        network = '0.0.0.0/0'
    networkObj = ipaddress.ip_network(network)
    hostCveMap = {}
    hostList = db.hosts.find({'oids': {'$exists' : 'true'}})
❶ for host in hostList:
        ip = host['ip']
        if ipaddress.ip_address(ip) not in networkObj:
            continue
        for oidItem in host['oids']:
            cveList = db.vulnerabilities.find_one({'oid':oidItem['oid']})['cve']
            for cve in cveList:
            ❷ if cve == "NOCVE":
                    continue
            ❸ if cve in hostCveMap.keys():
                    if ip not in hostCveMap[cve]:
                        hostCveMap[cve].append(ip)
                else:
                    hostCveMap[cve] = [ ip ]
    doc, tag, text, line = Doc().ttl()

    with tag('html'):
        with tag('head'):
            line('title', 'Vulnerability report for ' + network)
        with tag('body'):
            line('h1', 'Vulnerability report for ' + network)
          ❹ for cve in sorted(hostCveMap.keys()):
                cvedetails = cvedb.cves.find_one({'id': cve})
                affectedHosts = len(hostCveMap[cve])
```

```
        listOfHosts = hostCveMap[cve]

        line('h2', cve)

        line('b', 'Affected hosts: ')

        text(affectedHosts)

        doc.stag('br')

        if (cvedetails):

            with tag('table'):

                with tag('tr'):

                    line('td', 'Summary')

                    line('td', cvedetails['summary'])

                with tag('tr'):

                    line('td', 'CWE')

                    with tag('td'):

                        id = 'Unknown'

                        if cvedetails['cwe'] != 'Unknown':

                            id=cvedetails['cwe'].split('-')[1]

                 ❺      with tag('a',

                        href="https://cwe.mitre.org/data/"\

                        "definitions/"+id):

                            text(cvedetails['cwe'])

                        cweDetails = cvedb.cwe.find_one({'id': id})

                        if cweDetails:

                            text("(" + cweDetails['name'] + ")")

                        else:

                            text("(no title)")

                with tag('tr'):

                    line('td', 'Published')

                    line('td',

                        cvedetails['Published'].strftime("%Y-%m-%d"))

                with tag('tr'):

                    line('td', 'Modified')
```

```
                    line('td',
                         cvedetails['Modified'].strftime("%Y-%m-%d"))
        with tag('tr'):
            line('td', 'CVSS')
            line('td', cvedetails['cvss'] or 'Unknown')
        with tag('tr'):
            with tag('td'):
                line('b', 'Impacts')
        if 'impact' in cvedetails:
            with tag('tr'):
                line('td', "Confidentiality")
                line('td', cvedetails['impact']['confidentiality'])
            with tag('tr'):
                line('td', "Integrity")
                line('td', cvedetails['impact']['integrity'])
            with tag('tr'):
                line('td', "Availability")
                line('td', cvedetails['impact']['availability'])
        with tag('tr'):
            with tag('td'):
                line('b', 'Access')
        if 'access' in cvedetails:
            with tag('tr'):
                line('td', "Vector")
                line('td', cvedetails['access']['vector'])
            with tag('tr'):
                line('td', "Complexity")
                line('td', cvedetails['access']['complexity'])
            with tag('tr'):
                line('td', "Authentication")
                line('td', cvedetails['access']
```

```
                               ['authentication'])
                    with tag('tr'):
                        with tag('td'):
                            line('b', "References")
                    for reference in cvedetails['references']:
                        with tag('tr'):
                            with tag('td'):
                                with tag('a', href=reference):
                                    text(reference)
                else:
                    line('i', "Details unknown -- update your CVE database")
                    doc.stag('br')

                line('b', "Affected hosts:")
                doc.stag('br')
                for host in sorted(listOfHosts):
                    text(host)
                    doc.stag('br')
    with open(outputFile, 'w') as htmlOut:
        htmlOut.write(indent(doc.getvalue()))
        htmlOut.close()


main()
```

在第 1 个主循环中，创建一个列表，其中包含指定主机中的漏洞（由 CVE ID 标识）
❶。如果漏洞没有相关联的 CVE，就忽略它❷。在第 1 个循环中❸，为每个 CVE 创建一
个主机映射（这是一个字典，其中的键为 CVE ID，映射到一个 IP 地址列表），这样需要
列出被每个漏洞影响的主机时，可直接使用它。然后，遍历整个漏洞集❹，并为每个漏
洞生成一个包含漏洞详细信息的 HTML 块（就像脚本 detailed-assets.py 中一样）。由于漏
洞详细信息包含到 CWE 信息和 CVE 引用的链接，因此需要使用 HTML 标签 a 和属性 href，

以便在输出报告中生成链接❺。

13.2.3　定制

本章前面提出了如何定制脚本 detailed-assets.py 的建议，其中一些建议对这个脚本来说可能也适用，如添加基于其他字段（而不是 IP 地址）的筛选器，以及在报告很大时将它分块写入文件。

您可能想包含更多的主机信息，如主机名、主机存在的总漏洞数以及操作系统的检测结果。

如果要报告发现的所有漏洞（而不仅仅是有 CVE ID 的漏洞），就需要从 OpenVAS 扫描结果中获取 cve-search 数据库中没有的数据。

另外，按 CVE ID 排序时，可不按从旧到新的顺序排列，而按从新到旧的顺序排列，还可使用其他排序标准，如按 CVSS 评分排序。

13.3　生成可利用漏洞报告

生成更复杂的报告后，下面通过引入外部漏洞信息来丰富既有的报告。在这里，您将使用一个公开可用的漏洞利用仓库——Exploit Database，并将其中的信息合并到详细的漏洞报告中，让这个报告更详细、更具可操作性。

13.3.1　准备工作

为筛选出 Exploit Database 中的漏洞，本节将使用免费的命令行工具 cve_searchsploit（可在搜索引擎中搜索并下载该工具）来搜索 Exploit Database。这款工具包含一个 JSON 文件（exploitdb_mapping_cve.json），将 CVE ID 直接映射到一个漏洞利用程序列表，这正是在漏洞报告中添加可利用漏洞筛选器时所需要的数据。

为安装 cve_searchsploit，请执行下面的命令：

```
$ git clone https://github.com/andreafioraldi/cve_searchsploit.git
```

这个命令将工具 cve_searchsploit 安装到当前目录的子目录 cve_searchsploit/中。安装这款工具后，别忘了在更新脚本（程序清单 7-4）中添加一个命令，以定期地运行 git fetch; git checkout origin/master -- cve_searchsploit/exploitdb_mapping_cve.json，从而刷新这个 JSON 文件，确保映射是最新的。

注意

CVE 数据库的 References 部分包含一些 Exploit Database 链接，但 exploitdb_mapping_cve.json 中的映射比这些链接更全面。通过使用 cve_searchsploit 很好地说明了如何在漏洞管理系统中集成外部数据源。

13.3.2　修改原来的脚本

exploitable-vulns.py 几乎与 detailed-vulns.py 相同，只是多了一个筛选器，即只报告在 Exploit Database 中有相关漏洞利用程序的漏洞，因此需要做的修改很少。首先，从 exploitdb_mapping_cve.json 加载 CVE 到漏洞利用程序的映射，在生成特定漏洞的报告前，要先确定它存在于这个映射中。然后，在报告中添加一个部分，包含指向 Exploit Database 中相应漏洞利用程序的链接。程序清单 13-9 说明了在脚本 detailed-vulns.py 的基础上所做的修改。要获取这个脚本的完整代码，可访问异步社区的本书页面，领取配套源代码。

程序清单 13-9　脚本 exploitable-vulns.py 的部分代码

```
#!/usr/bin/env python3
--snip other imports--
❶ import datetime, sys, ipaddress, json
--snip other global variables--
```

```
cveToExploitdbMap = "/home/andy/cve_searchsploit/cve_searchsploit/exploitdb_"\
"mapping_cve.json"


def main():
--snip network selection--
  ❷ with open(cveToExploitdbMap) as mapfile:
        exploitMap = json.load(mapfile)
--snip host finding--
    for host in hostList:
--snip CVE finding--
            for cve in cveList:
                if cve == "NOCVE":
                    continue
              ❸ if cve not in exploitMap:
                    continue
--snip CVE-to-host mapping--
    doc, tag, text, line = Doc().ttl()
    with tag('html'):
        with tag('head'):
            line('title', 'Exploitable vulnerability report for ' + network)
        with tag('body'):
            line('h1', 'Exploitable vulnerability report for ' + network)
            for cve in sorted(hostCveMap.keys()):
--snip most HTML generation--
                line('b', "ExploitDB links")
                doc.stag('br')
              ❹ for exploitID in exploitMap[cve]:
                    with tag('a',
                    href="https://www.exploit-db.com/exploits/"+exploitID):
                        text("https://www.exploit-db.com/exploits/"+exploitID)
                    doc.stag('br')
```

```
with open(outputFile, 'w') as htmlOut:
    htmlOut.write(indent(doc.getvalue()))
    htmlOut.close()


main()
```

首先，导入了分析 exploitdb_mapping_cve.json 时需要的 JSON 库❶。接下来，将 exploitdb_mapping_cve.json 加载到内存中，并使用 with 结构将其中的 JSON 数据转换为一个 Python 字典❷。我们将丢弃不在这个映射中的漏洞❸，并将漏洞利用程序列表转换为一系列指向相应 Exploit Database 页面的链接❹。

13.3.3   定制

前面有关 detailed-vulns.py 的定制建议都适用于 exploitable-vulns.py。

Exploit Database 是一个公开可用的漏洞利用程序列表，另一个这样的列表是 Metasploit，将在第 14 章进行讨论。在脚本 exploitable-vulns.py 中，可执行合适的查询，从 Metasploit 的本地数据库中导入漏洞映射。

如果有匹配的外部数据资源，可像编写可利用漏洞筛选器那样，编写基于其他漏洞字段的筛选器。例如，可导入商业漏洞情报数据，并只报告可能遭受 APT 攻击的漏洞。

13.4   小结

现在，您有几个更新且更复杂的报告生成脚本，可尝试使用和定制它们。别忘了将它们放到自动化脚本（程序清单 12-2）中，让它们定期地运行，从而确保报告始终是最新的。

　　至此，您的漏洞管理系统差不多搭建好了，但愿它能够定期地向您所在的组织提供有用的漏洞情报。

　　第 14 章将介绍如何通过基本的应用程序编程接口（API）集成其他工具，如何将漏洞利用自动化，并判断漏洞利用自动化是否适合您的网络环境，以及如何在云端搭建漏洞管理系统。

高阶主题

至此，有了一个能够正常运行的自动化漏洞管理系统，但像这样的项目永远没有结束的时候。本章介绍几个可以改善这个系统的想法，包括简单的集成 API、自动对已知漏洞进行渗透测试以及搭建云端环境。只有第一项需要动手实践，其他各项只是对其内容和可能性开展讨论，具体的实现细节将留给您去完成。

14.1 创建简单的 REST API

将来自漏洞管理系统的数据提供给其他工具，或者将该系统与第三方自动化或协调产品集成，可定期地转储数据库、以这些工具能够使用的格式输出报告或编写一个 API。如果目标工具支持 API 集成，那么使用 API 就是一个不错的解决方案。本节介绍如何从零开始创建一个简单的描述性状态迁移（representational state transfer，REST）API，在此之前，咱们先来说说 REST API 是什么。

14.1.1 API 和 REST 简介

编程接口是系统组件的共享边界，可使用程序来访问。它们提供了一致的方法，让程序能够与其他程序和操作系统交互。使用 API 时，无须明白您要与之通信的应用程序的内部组件，只需知道一点：程序向目标系统发送这种消息时，目标系统将返回那种类型的响应。通过将内部组件抽象化，可确保不管它们如何变化，接口都保持一致，从而极大地简化软件开发过程和互操作。这是因为程序只要使用通用的通信语言，就可独立地演化。

REST 定义了一类通过互联网读写未知数据库（或其他存储系统）的 API。完整的 REST API 支持所有的数据库操作：创建、读取、更新和删除记录（统称为 CRUD）。HTTP 方法 POST、GET、PUT（有时被称为 PATCH）和 DELETE 实现了相应的 CRUD 操作，如表 14-1 所示。

表 14-1   HTTP 方法与 CRUD 操作之间的映射关系

方法	操作
GET	获取（读取）一条记录的内容（或有关多条记录的信息）
POST	创建一条新记录
PUT/PATCH	更新一条既有的记录（如果这条记录不存在，就创建它）
DELETE	删除一条既有的记录

为了使用 API，客户端使用合适的方法向特定 URL，准确地说是统一资源标识符（URI），发送 HTTP 请求，该 URL 指定了要操作的记录。例如，向 http://rest-server/names/ 发送 GET 请求，让这个 REST API 发回一个姓名列表（通常是 XML 或 JSON 格式的）。向 http://rest-server/names/andrew-magnusson/发送 GET 请求时，将返回有关 Andrew Magnusson 的姓名记录的详细信息。向这个相同的地址发送 DELETE 请求时，远程系统将删除有关 Andrew Magnusson 的姓名记录。

不同于标准 Web URL，URI 中的地址指向的不是 Web 位置，而是 API 端点。API 端点是在服务器端运行的程序接口，供 REST 客户端发送合适的 HTTP 请求以执行 CRUD 操作。

14.1.2 设计 API 结构

想想漏洞管理 API 需要做什么？将支持多少种 CRUD 操作呢？在 simple-api.py 中，

只实现了最简单、最安全的 GET 方法（读取既有记录），因此客户端只能请求已存在于数据库中的数据。我们的漏洞管理系统会在内部更新自己，因此不需要外部系统修改数据库。如果要让外部系统（尤其是自动化或协调例程）修改漏洞数据库，那么可实现 POST、PUT/PATCH 和 DELETE 方法。

还需考虑允许 API 客户端能够访问哪些数据。漏洞管理数据库包含如下数据：有关主机详细信息的主机列表；有关漏洞详细信息的漏洞列表；cve-search 提供的 CVE 数据库的镜像。无须通过 API 来提供 CVE 数据库的内容，因为这个数据库是公开的。如果其他工具需要这些信息，有比查询该 API 更容易的获取途径。但有关网络的主机和漏洞信息，只有漏洞管理系统能够提供，在其他任何地方都找不到，因此公开它们合乎情理。

脚本 simple-api.py 实现了 4 个与 hosts 集合和 vulnerabilities 集合相关的端点，但这些端点只能通过 GET 方法来访问。表 14-2 介绍了每个端点的详细情况。

表 14-2　API 端点及其功能

端点	操作
/hosts/	返回一个数据库中 JSON 格式的 IP 地址列表
/hosts/<ip address>	返回指定 IP 地址对应主机的详细信息（JSON 格式），其中包括该主机存在的漏洞（用 CVE 表示）列表
/vulnerabilities/	返回一个漏洞数据库中的 CVE ID 列表（JSON 格式），其中的 CVE 对应于当前影响主机的漏洞
/vulnerabilities/<CVE ID>	返回指定 CVE ID 的详细信息（JSON 格式），包含一个高危的 IP 地址列表

向该 API 所在服务器请求其他 URI 路径时，将返回一个 JSON 文档，其中包含一个形如{'error': 'error message'}的键值对和一个 HTTP 状态码。HTTP 状态码 2xx 表示成功，而状态码 4xx 表示各种错误（例如，404 表示"找不到请求的页面"）。在本书中，无论发生什么错误，都返回状态码 418，您可在自己的脚本中使用其他错误码。

14.1.3   实现 API

本书没有将整个 API 都放在 main()函数中，而将它分成了多个函数。

❑ main()：启动服务器实例，并让 Python 使用 SimpleRequestHandler 来处理所有的请求。

❑ SimpleRequestHandler：一个自定义类，它继承了 http.server.BaseHTTPRequest Handler 类，并重写了对 GET 请求的 URI 进行解析的 do_GET 函数。这个函数要么返回错误，要么将控制权交给数据库查询函数，让它们向 MongoDB 数据库请求数据并对数据进行解析。do_POST 和 do_PUT 等其他 HTTP 方法处理程序都会返回错误，因为这些 HTTP 方法不被支持。

❑ 数据库查询函数：有 4 个这样的函数，并且每个端点有一个函数。这些函数都执行 MongoDB 数据库查询，并以 JSON 文档的方式将数据返回给 SimpleRequestHandler （如果发生错误，将返回一个响应码）。

下面依次介绍各个部分。先来看脚本的开头和 main()函数，如程序清单 14-1 所示。

程序清单 14-1   simple-api.py 的代码（第 1 部分）

```
#!/usr/bin/env python3

❶  import http.server, socketserver, json, re, ipaddress
   from bson.json_util import dumps
   from pymongo import MongoClient
   from io import BytesIO

   client = MongoClient('mongodb://localhost:27017')
   db = client['vulnmgt']
❷ PORT=8000
   ERRORCODE=418 # I'm a teapot


   --functions and object definitions are in Listings 14-2 and 14-3--
```

```
❸ def main():
      Handler = SimpleRequestHandler
      with socketserver.TCPServer(("", PORT), Handler) as httpd:
          httpd.serve_forever()


  main()
```

该脚本导入了 http.server 和 socketserver（用于提供基本的 HTTP 服务器功能）、bson.json_util（一个将 MongoDB 响应转换为整洁 JSON 的 BSON 的转储工具）和 BytesIO（用于生成服务器响应，这种响应必须是字节格式，而不能是简单的 ASCII）❶。全局变量 PORT 和 ERRORCODE❷分别定义了服务器监听端口以及要返回的标准错误码。

这个脚本开始运行后❸，我们实例化一个 TCPServer，并让它在配置的端口上监听。该脚本将处理工作委托给 SimpleRequestHandler，由于是通过 serve_forever 调用的，因此该脚本会不断地处理请求直到这个进程被杀死。

收到 GET 请求后，将调用 SimpleRequestHandler 的 do_GET 方法，这个方法的代码如程序清单 14-2 所示。

程序清单 14-2 simple-api.py 的代码（第 2 部分）

```
class SimpleRequestHandler(http.server.BaseHTTPRequestHandler):
    def do_GET(self):
    ❶ response = BytesIO()
    ❷ splitPath = self.path.split('/')
       if (splitPath[1] == 'vulnerabilities'):
           if(len(splitPath) == 2 or (len(splitPath) == 3 and splitPath[2] == '')):
               self.send_response(200)
             ❸ response.write(listVulns().encode())
           elif(len(splitPath) == 3):
             ❹ code, details = getVulnDetails(splitPath[2])
               self.send_response(code)
               response.write(details.encode())
```

```
            else:
       ❺ self.send_response(ERRORCODE)
              response.write(json.dumps([{'error': 'did you mean '\
              'vulnerabilities/?'}]).encode())
    elif (splitPath[1] == 'hosts'):
        if(len(splitPath) == 2 or (len(splitPath) == 3 and splitPath[2] == '')):
                      self.send_response(200)
           ❻ response.write(listHosts().encode())
        elif(len(splitPath) == 3):
           ❼ code, details = getHostDetails(splitPath[2])
              self.send_response(code)
              response.write(details.encode())
        else:
              self.send_response(ERRORCODE)
              response.write(json.dumps([{'error': 'did you mean '\
              'hosts/?'}]).encode())
    else:
        self.send_response(ERRORCODE)
        response.write(json.dumps([{'error': 'unrecognized path '
        + self.path}]).encode())
    self.end_headers()
  ❽ self.wfile.write(response.getvalue())
```

为确定请求路径是否是支持的 4 个端点之一，首先将请求的 URI 分解成不同的组成部分。为此，我们以/（斜杠）为分隔符，将路径转换为一个数组❷。在这个数组中，第 1 个元素的值是空的（第 1 个斜杠前面的空字符串），因此第 2 个和第 3 个元素的值可以决定调用了哪个数据库查询函数❸、❹、❻、❼，并将这些函数的返回值作为响应体。如果没有匹配的函数，就将返回错误响应。在 http.server 中，创建响应需要执行 3 个步骤（如果出错了，就是 4 个步骤）。

首先，发送报头（通过使用 send_response 发送响应码来隐式地处理）。

其次，使用 end_headers()结束报头。

再次，必要时使用 ERRORCODE❺来生成错误。

最后，使用 wfile.write❽从变量 response 中获取字节流，以发送实际的响应数据。变量 response 被初始化为一个 BytesIO 对象❶，response.write 将数据自动转换为合适的字节格式，并将其添加到变量 response 中。

另外，还有 4 个数据库函数——listHosts、listVulns、getHostDetails 和 getVuln Details，如程序清单 14-3 所示。

程序清单 14-3　simple-api.py 的代码（第 3 部分）

```
def listHosts():
❶ results = db.hosts.distinct('ip')
   count = len(results)
   response = [{'count': count, 'iplist': results}]
❷ return json.dumps(response)


def listVulns():
   results = db.vulnerabilities.distinct('cve')
   if 'NOCVE' in results:
       results.remove('NOCVE') # we don't care about these
   count = len(results)
   response = [{'count': count, 'cvelist': results}]
   return json.dumps(response)


def getHostDetails(hostid):
   code = 200
   try:
     ❸ ipaddress.ip_address(hostid)
     ❹ response = db.hosts.find_one({'ip': hostid})
       if response:
           cveList = []
         ❺ oids = db.hosts.distinct('oids.oid', {'ip': hostid})
           for oid in oids:
               oidInfo = db.vulnerabilities.find_one({'oid': oid})
```

```
                        if 'cve' in oidInfo.keys():
                            cveList += oidInfo['cve']
                    cveList = sorted(set(cveList)) # sort, remove dupes
                    if 'NOCVE' in cveList:
                        cveList.remove('NOCVE') # remove NOCVE
          ❻ response['cves'] = cveList
                else:
                    response = [{'error': 'IP ' + hostid + ' not found'}]
                    code = ERRORCODE
        except ValueError as e:
            response= [{'error': str(e)}]
            code = ERRORCODE
        return code, dumps(response)


def getVulnDetails(cveid):
    code = 200
  ❼ if (re.fullmatch('CVE-\d{4}-\d{4,}', cveid)):
      ❽ response = db.vulnerabilities.find_one({'cve': cveid})
        if response: # there's a cve in there
            oid = response['oid']
          ❾ result = db.hosts.distinct('ip', {'oids.oid': oid})
            response['affectedhosts'] = result
        else:
            response = [{'error': 'no hosts affected by ' + cveid}]
            code = ERRORCODE
    else:
        response = [{'error': cveid + ' is not a valid CVE ID'}]
        code = ERRORCODE
    return code, dumps(response)
```

前 2 个数据库函数（listHosts 和 listVulns）分别从 MongoDB 数据库中获取不重复的 IP 地址列表❶和不重复的 CVE ID 列表，并以 JSON 结构的方式将其返回❷。

details 函数首先检查输入值是否是合法的 IP 地址❸或合法的 CVE ID❼，如果不是，就返回错误。接下来，提取特定主机❹或漏洞❽的详细信息。然后，执行第二个查询，以获取与漏洞相关联的主机列表❾或与主机相关联的漏洞列表❺。收集这些数据后，将它们插入到一个 JSON 结构❻中，而这个结构将被返回给 SimpleRequestHandler 和客户端。

14.1.4　让 API 运行起来

编写好脚本 simple-api.py 并对其进行测试后，需要让它在服务器上不断地运行。具体如何完成这项任务取决于您的操作系统使用的服务管理系统：在 Linux 系统中，常见的服务管理系统包括 systemd、SysV-style init 和 upstart。本节将使用服务管理系统 systemd 进行介绍。

在 systmed 脚本目录（在 Ubuntu 中，该目录为/lib/systemd/system）中，创建一个名为 simple-api.service 的服务文件，并新增一个 systemd 服务。程序清单 14-4 展示了这个服务文件的内容。

程序清单 14-4　simple-api.py 的服务配置

```
[Unit]
Description=systemd script for simple-api.py
DefaultDependencies=no
Wants=network-pre.target

[Service]
Type=simple
RemainAfterExit=false
ExecStart=/path/to/scripts/simple-api.py
ExecStop=/usr/bin/killall simple-api
TimeoutStopSec=30s

[Install]
WantedBy=multi-user.target
```

现在，使用 chmod +x 将 simple-api.py 设置为可执行的，并以 root 用户的身份执行程序清单 14-5 所示的命令，启动这个服务并确认它正在运行。

程序清单 14-5   启动服务

```
# systemctl enable simple-api.service
Created symlink /etc/systemd/system/multi-user.target.wants/simple-api.service
→ /lib/systemd/system/simple-api.service.
# systemctl daemon-reload
# systemctl start simple-api
# systemctl status simple-api
  simple-api.service - SystemD script for simple-api.py
  Loaded: loaded (/lib/systemd/system/simple-api.service; enabled; vendor
  preset: enabled)
  Active: active (running) since Sun 2020-04-26 16:54:07 UTC; 1s ago
 Main PID: 1554 (python3)
    Tasks: 3 (limit: 4633)
   CGroup: /system.slice/simple-api.service
           1554 python3 /path/to/scripts/simple-api.py

Apr 28 16:54:07 practicalvm systemd[1]: Started systemd script for simple-api.py.
```

首先，命令 systemctl enable 将 simple-api.service 添加到 systemd 配置中。接下来，命令 systemctl daemon-reload 和 systemctl start simple-api 会启动这个服务。如果这个服务成功运行，命令 systemctl status simple-api 将输出如程序清单 14-5 所示的响应。至此，这个 API 将运行起来，并监听您在脚本中配置的端口。

14.1.5   定制

通过使用 Python 库 http.server，我们最大限度地减少了外部依赖，并让代码的工作方式变得十分清晰。然而，这个库没有提供与 API 相关的功能，且只支持基本的 HTTP

身份验证（建议您不要在生产环境中使用它）。如果您要大规模地扩展这个 API，可使用 REST 框架，如 Flask 或 Falcon，这会简化 API 编写和维护的工作。

脚本 simple-api.py 甚至都没有实现基本的 HTTP 身份验证，因此在生产环境中使用它前，要么严格地限制它对 Web 服务器的访问，要么在这个脚本中添加身份验证，这至关重要。

这个脚本会从/list 端点返回简单的主机列表或漏洞列表，但可像第 13 章的高级报告那样，返回有关主机/漏洞的更多信息。

如果您预期客户端将使用这个 API 来请求大量的数据，可在查询中添加包含分页信息的选项，让这种请求更容易、更高效。例如，请求 http://api-server/hosts/list/?start=20&count=20 时，将返回第 20～40 条记录，客户端可分批浏览主机列表。

在这里编写的脚本和 systemd 服务定义中，来自 http.server 的日志消息会被打印到 STDERR，这可能不会被 systemd 日志记录器 journald 所捕获。您可修改脚本或服务定义，将日志写入文件，这样就可通过查看日志来获悉谁在使用您的 API。

描述性错误消息让攻击者能够通过探测您的 API 来获悉有哪些信息可用。为加固这个 API，可将所有错误消息都替换为笼统的消息，而不是指出正确的端点格式是什么样的。

14.2 漏洞利用自动化

一旦找出系统中存在相应漏洞利用程序的漏洞后（参见程序清单 13-9），可确定这些漏洞是否是可利用的。如果是可利用的，那可能需要优先修复或缓解它们；如果不是可利用的，那要么是错报，要么是既有缓解措施让主机中的漏洞无法被利用。

但这个过程缓慢而繁琐：您必须找出漏洞利用程序、设置系统以便能够运行它、尝试对漏洞进行利用并记录结果。您已自动化大多数漏洞管理过程的步骤，为何不自动化这最后一步呢？诸如 Metasploit 等工具可通过命令行脚本化,那么是否可以不尝试漏洞利用自动化呢？

14.2.1   优点和缺点

实际上，不让漏洞利用自动化的理由有多个，而且非常充分。即便是漏洞扫描过程也并非没有风险的，在扫描比较激进或系统比较脆弱的情况下，也可能导致系统出现小毛病甚至崩溃。运行漏洞利用程序更加危险，它们可能导致生产系统崩溃、损坏重要数据甚至损坏底层硬件（比较少见）。漏洞利用程序可能有后门函数或意外的副作用；即便您对漏洞利用程序的代码有深入了解，确定它们除验证漏洞是否可利用之外什么都不做，也可能损坏被测试的系统。

对很多组织来说，为获悉环境中的哪些系统无法抵御哪些漏洞利用程序而冒这样的风险并不值得，因此组织会手工执行漏洞利用，或者让一部分漏洞利用操作以手工方式执行。最好让经验丰富的渗透测试人员在受控的环境中尝试漏洞利用。测试人员可以使用诸如 Metasploit 等漏洞利用框架来自动完成繁琐的步骤，如通过不同的输入反复测试，或尝试不同的漏洞利用程序，直到找到管用的漏洞利用程序。但必须有人监视测试的有效性，并随时准备在出现问题时停止测试。

有些组织有大量的资产，在其威胁模型中，漏洞利用带来的风险比关键服务偶尔崩溃带来的风险高得多。如果无法手工尝试所有严重漏洞的漏洞利用程序，那么为获得更多信息而冒关键服务崩溃的风险是值得的，但不应轻易或独自做出这种决定。实现自动利用漏洞前，必须获得组织的支持（参见 6.2 节）。

14.2.2   自动化 Metasploit

对于网络环境中的漏洞，确定有哪些漏洞利用程序后，就需要运行这些漏洞利用程序，对主机发起攻击。使用 Exploit Database 时，之所以无法轻松地编写"运行这个漏洞利用程序，对主机 X 发起攻击"的脚本，是因为漏洞利用程序是使用不同的语言编写的，有些需要编译才能运行，同时对其有效性和安全性的审核详细程度各有不同。

作为一个统一的渗透测试框架，Metasploit 解决了这些问题。所有与 Metasploit 兼容的漏洞利用程序都是使用 Ruby 实现的、经过了详尽测试且在 Metasploit 框架中运行的方式都相同。更重要的是，可从命令行运行 Metasploit，并将这些命令封装在 Python（或类似的）脚本中。本节将介绍如何编写这样的脚本，但具体实现将作为练习留给读者去完成。

注意

您可修改程序清单 13-9 所示的脚本 exploitable-vulns.py，以使用 Metasploit 内部的漏洞-漏洞利用程序映射表，从而确定对于每个被标记为可利用的系统，都有哪些相应的 Metasploit 自动化模块可用来对其发起攻击。至于如何访问并解析这些数据，以找出这些映射关系，将作为另一个练习留给水平较高的读者去完成。

程序清单 14-6 以伪代码的方式说明了自动化漏洞利用脚本的总体结构。

程序清单 14-6　使用 Metasploit 执行自动化漏洞利用的伪代码

```
Query database for list of hosts with vulnerabilities
Map vulnerabilities against list of exploits (Exploit-DB, Metasploit, other)
Result: list of hosts and exploitable vulnerabilities on each host
For each host in this list:
    For each vulnerability on that host:
        Determine Metasploit module for specified vulnerability
        Kick off Metasploit module against specified host
        Record success/failure in host record in database
```

在本书前面研究 exploitable-vulns.py 时，您已经明白了如何根据漏洞利用程序列表来生成每台主机的可利用漏洞列表。程序清单 14-6 中的循环会遍历每台主机中的每个可利用漏洞，并启动一个 Metasploit 会话，从而尝试使用相应的 Metasploit 模块来利用这个漏洞。

由于 Metasploit 模块是用名称而不是 CVE ID 来标识的，因此您需要将要利用的 CVE 关联到正确的模块。如果漏洞利用程序的信息不是从 Metasploit 获取的，可通过手工解析

Metasploit 搜索来将 CVE ID 关联到 Metasploit 模块，如程序清单 14-7 所示。

程序清单 14-7　使用 Metasploit 命令行搜索 Metasploit 模块

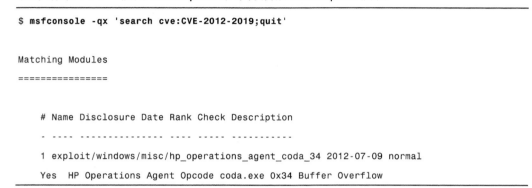

```
$ msfconsole -qx 'search cve:CVE-2012-2019;quit'


Matching Modules
================

   # Name Disclosure Date Rank Check Description
   - ---- --------------- ---- ----- -----------
   1 exploit/windows/misc/hp_operations_agent_coda_34 2012-07-09 normal
   Yes  HP Operations Agent Opcode coda.exe 0x34 Buffer Overflow
```

这个过程需要花费一些时间，主要是因为启动 msfconsole 可能需要数十秒的时间。您可将这些代码放在 2 个脚本中：一个启动 msfconsole，另一个通过简单的 API 向正在运行的控制台进程提交请求。

获悉模块名后，余下的步骤是尝试利用漏洞。为此，可使用 msfconsole -qx 'command1;command2;commandX;quit' 来运行一系列与漏洞利用程序相关的命令，再关闭 Metasploit。很多模块都需要额外的参数，这样才能获得最佳的性能。可使用默认配置来运行所有的模块，也可单独存储较常用模块的参数。要判断是否成功地利用了漏洞，可参考 Metasploit 的输出。如果配置了常有一个数据库的 Metasploit，可在尝试利用漏洞后从这个数据库中提取成败信息。

现在可测试自动漏洞利用脚本了，但这样做之前，请考虑如下几点。

❏ 有必要测试自动漏洞利用脚本吗？

❏ 可在与实际环境相同的测试环境（而不是生产系统）中运行这个脚本吗？

❏ 这种测试真的有必要吗？

如果您依然认为有必要测试，那就测试吧！

14.3　支持云环境

本书专注于在本地部署工作站和服务器的小型组织，但企业越来越多地采用基于云的运营方式，甚至将整个生产环境都迁移到云端。很多新建立的组织完全放弃了本地基础设施，选择将整个业务基础设施放在云环境中。本节介绍在云环境中运行既有漏洞管理系统时需要考虑的一些因素。

14.3.1　云架构

如果您的基础设施完全在云端，应将整个漏洞扫描系统也放在同样的云环境中。这样可最大限度地缩短延迟，并让扫描器能访问各个云网段。

然而，如果您混合使用了云和内部基础设施，可能需要考虑一些不同的选项。您可配置云环境，让扫描工具能够访问它；也可在云环境中安装扫描器，并让它将扫描结果提交给中央 MongoDB 数据库。从本地扫描器扫描云环境会增加延迟（在组织与云环境相距遥远时尤其如此）。另外，还需添置安全设备，让扫描器能够不受限制地向外发送流量，并允许它的公有 IP 地址可以不受限制地访问云环境。另一种选择是使用虚拟专用网（VPN），这让您能够在本地网络和云环境之间通过隧道安全地传输流量。

如果您为云环境或高度分段的本地网络配置了多个扫描器，就必须协调它们的数据库插入操作，以免数据相互覆盖。为了保证数据的一致性，您还需要确保只在一个地方执行数据库报告和删除操作。

14.3.2　云和网络范围

对于本地网络，特定范围内的 IP 地址都在该网络内，而云主机和服务通常有多个 IP 地址：至少有一个私有地址（用于内部访问）和一个公有地址（用于从公共网络访问）。在私有地址空间中，云网分离确保您不能访问其他云环境中的主机；但对于公有地址，无法保证这一点，因为云环境的公有 IP 地址有很多相邻的地址。

如果您只扫描云环境的私有 IP 地址，可将扫描范围指定为整个网络，而不会访问到云环境外面的主机。要扫描云环境私有网络内的地址，要么将扫描器放在该网络内，要么建立远程连接（如 VPN）。

扫描云环境的公有地址时，需要将扫描范围指定为各个主机的地址，而不能指定为网络范围，以免无意间对其他组织的主机发起未经授权的扫描（换句话说就是攻击）。虽然以扫描内部地址的方式来扫描主机（内部扫描）更安全，但如果同时以扫描外部地址的方式对主机进行扫描（外部扫描），可帮助您搞明白面向外部的服务中存在的漏洞。对于同一个漏洞，当它出现在面向内部的服务中时，通常没有它出现在对互联网开放的端口中那么严重。通过了解环境这两方面的情况，可更深入地认识环境的总体安全状况。

如果您既执行内部扫描又执行外部扫描，就必须对存储在数据库中的主机数据的结构做出一些决策。在本书中，扫描脚本和报告生成脚本用 IP 地址唯一地标识每台主机。如果一台主机有多个 IP 地址，就需要选择其他的唯一主机标识符，或者将从外部和内部看到的同一个云系统视为不同的主机。无论您选择采用哪种方式，都必须相应地调整脚本和数据库。

14.3.3　其他需要考虑的问题

只有对云环境有全面认识，才能确保扫描和报告是全覆盖的。请考虑如下问题：您的云环境位于一个地方，还是分布在多个地方？您有多个私有云环境，还是只有一个？云环境是否通过内部网络分段来限制对特定子网的访问？本节讨论设计云扫描系统时，需要考虑云环境 4 个方面的问题。

1. 云环境分布

很多组织都有多个云环境，而这些云环境可能是由多个不同的云供应商（如亚马逊、谷歌或微软）提供的。即便是简单的多云环境，也可能包含开发云、测试云、业务关键服务所在的生产云以及管理云（控制其他 3 种云的访问）。

不同云之间可能通过点对点链路相连，也可能只通过公共网络进行通信。在由同一家云供应商托管的多云环境中，点对点协议可能允许一种云中的服务直接与其他云通信。请将扫描器放在最容易全面覆盖多云环境的地方。

2. 虚拟机和服务

云环境很像传统的数据中心，但用虚拟机取代了所有的物理服务，因此要灵活得多。当前，除自定义的虚拟机外，所有的主流云供应商都提供软件即服务（SaaS）。在 SaaS 环境中，您可注册 PostgreSQL 服务器，无须操心底层操作系统和支持软件（您甚至都感觉不到它们的存在）。在您的企业和漏洞管理系统看来，唯一存在的是 PostgreSQL，至于补丁、配置和底层操作系统，都由云供应商负责。

很多现代云环境都提供虚拟机、SaaS 服务及后面将讨论的容器化服务。您必须对此心中有数，并相应地选择网络设置，确保扫描器能够访问环境中所有的开放端口。

3. 容器化服务

对于新服务，组织越来越多地采用基于容器的部署，这是使用诸如 Docker 和 Kubernetes 等系统实现的。全面介绍容器超出了本书的范围，您可将容器视为极简的虚拟机，只向外部暴露特定端口/服务。在有些情况下（尤其是在 Kubernetes 环境中），可能有多个微服务，它们只会相互通信或与 Kubernetes 管理系统通信，因此对外部的扫描器来说，它们几乎是不可见的。

与 SaaS 系统一样，容器化环境也提出了这样的问题：对于这些环境，您需要在对其扫描并获悉其中存在的漏洞方面承担多大的责任？与 SaaS 不同的是，即便容器化环境只向外暴露有限的服务，组织也必须对它们负责，因此必须确保各个容器运行的服务不是高危的或过期的。本书打造的漏洞管理系统不太适合用来管理容器化环境，但在本书中学到的原则可很好地帮助您设计策略，进而确保这些部署是最新的。

4. 扫描器需要的访问权限

要准确地记录云环境中存在的漏洞，扫描器必须能够通过网络访问云环境中所有的虚拟机和服务。这意味着不管扫描器身处何方，都必须允许它连接到目标 IP 地址的所有 TCP 端口。那 SaaS PostgreSQL 数据库呢？为让扫描器能够获悉尽可能多的系统信息，哪些端口是必须开放的呢？

可让扫描器访问所有端口（端口 0～65535），但考虑到这种数据库只允许访问端口 5432，可让扫描器访问这个端口，这样做能节省时间和精力。另外，如果不完全相信云供应商只开放了 PostgreSQL 服务，那么最佳的做法是通过全面扫描端口找出其他开放的服务。

14.4   小结

本章介绍了如何扩展漏洞管理系统。我们创建了一个用于远程查询漏洞数据库的简单 REST API，以便将这个系统与其他安全或协调工具集成，了解了自动利用漏洞环境的优点和缺点，还学习了如何扩展漏洞管理系统，使其能够支持云环境。

安全管理是一个过程，永远没有终点，漏洞管理系统亦如此。第 15 章（也是本书的最后一章）将首先回顾我们取得的成果，再探索接下来可能学习的一些主题。例如，您可能想了解未来的发展趋势（如零信任网络）对漏洞管理的影响，您还可能想寻找一些自制工具的商业替代品。

结语

本书介绍了如何使用免费工具和一些 Python"胶水"代码搭建一个完整的漏洞管理系统。在这个过程中,您改变了组织的漏洞管理方法。结束本书前,先来回顾一下这个过程,并展望一下未来可对这个漏洞管理系统采取的改进方式。

15.1 回顾

想想您最初拿起本书并开始阅读时想要达到的目的。您可能是一家小型企业的 IT 管理员,认识到需要系统化补丁安装周期;您也可能是一名安全分析人员,接到了对组织的漏洞管理计划进行规范化的任务。您的预算可能很少甚至没有,因此必须创造性地为这个项目提供硬件支持。虽然您可能还没有明确地指出这一点,但您的目标是全面了解环境中的主机及当前的漏洞状况。

15.1.1 系统设计与构建

在规划和编写本书期间,我们对本书要创建的漏洞管理系统提出了两点要求:

❑ 只使用免费的现成工具;

❑ 易于理解且扩展。

我们是否打造了易于理解且容易扩展的系统呢？您能对此做出判断吗？事实上，除用于运行这个系统的（物理或虚拟）硬件外，我们没有为此付出任何成本。这个目标特别重要，因为漏洞管理是优秀的信息安全计划的基石。另外，对于只有少量甚至没有安全人员的组织来说，商业漏洞管理工具远远超过了他们的预算。

在本书中，我不断地提出了就如何根据环境修改脚本的建议，以便为您的组织获取最佳、最有参考价值的数据。除这些调整建议外，我还希望您使用自己最得心应手的脚本语言、数据库和其他工具。通过打造并调整这个系统，您能拥有一款自己非常熟悉的强大工具，可在需求和漏洞情况发生变化时对其进行改进。

15.1.2   系统维护

由于在 automation.sh 中配置了漏洞管理系统自动化，所以很少甚至没有任务需要手工完成。系统会不间断地工作，每周都将根据最新扫描数据生成的一系列报告发送到您的收件箱或共享文件夹中。但这并不意味着可以对这个系统不管不顾，相反，您需要维护这个系统的组件、根据情况调整扫描和报告参数，并改进要使用的漏洞情报。

虽然本书描述的系统会自动通过网络更新其操作系统、工具以及 CVE 和漏洞利用数据，但您也必须关注这些更新。在可预见的将来，cve 工具可能无法根据 NVD 仓库进行自我更新，而可能需要寻找第三方数据替代品，如漏洞利用数据库到 CVE 的映射表。即便这些数据源是稳定的，也可能出现编写本书期间或您构建这个系统期间还没有出现的新数据源。请紧跟漏洞管理领域的发展潮流并研究新的数据源，并进一步改善您的漏洞情报。

随着系统不断地扩展，可能也需要扩展运行它的硬件。如果系统被完全虚拟化，扩展硬件的工作可能很简单，只需添加更多的资源即可；但如果使用的是物理硬件，就可能需要自己动手做一些物理更新。物理硬件可能出现故障或被淘汰，因此请对这个漏洞管理系统进行监视和维护，就像对待基础设施中的其他服务器那样。千万不要忽视维护工作，否则当 CTO 向您询问全世界到处都在发生的最新 Windows 服务器零日攻击时，您的系统可能正面临系统故障的风险。

可能需要将这个漏洞管理系统的一些负载交给专业产品——商业漏洞管理工具和系统，这样的情况迟早会发生。下面来看看如何在自产的生态系统中引入商业产品，同时避免丢失您收集到的宝贵信息。

15.2 商用漏洞管理产品

一旦漏洞管理流程和结果被证明是成功的，组织就可能提供更多的预算。如果是这样的话，就可着手考虑使用商业产品来改善整个系统了。本章介绍用商业工具替换部分或整个系统时，需要考虑的一些方面。

15.2.1 商用扫描器

首先要做的是对商业漏洞扫描器进行研究，并选择一个来替换 OpenVAS。虽然 OpenVAS 是一款很有用的工具，但商业工具更新得更为频繁。另外，它们使用起来更容易，并提供了一些额外的特性，如可减少乃至避免外部扫描的客户端代理（如 Tenable's Nessus Agent 和 Rapid7 Insight Agent）。

这里并非要建议您选择或放弃特定的工具，相反，本节将指出一些需要考虑的因素，以帮助您选择可满足需求的、可将其加入到既有漏洞管理系统中的扫描器。

1. 报告自动化和导出

要在既有漏洞管理系统中添加新的扫描器，需要能够通过自动化脚本启动扫描并将扫描结果导入到数据库中（以便用来生成报告）。如果扫描器生成的是易于解析的 XML 或 JSON 格式的报告，将其加入系统需要做的额外工作就很少。

2. 功能广泛且文档完善的 API

一般而言，商业扫描器提供了 API，可用来控制扫描器，以及与其他工具共享扫描结果。这个 API 越好、越有用，就越容易将扫描器集成到既有系统中。

3. 可扩展的架构

很多商用扫描工具能够让您扩展系统——通过添加更多的扫描器来提高覆盖率。如果您选择的扫描器能够在中央位置聚合来自多个扫描器实例的结果，就可从聚合器那里提取扫描结果，而无须与分散在网络各个地方的多个扫描器实例进行通信。

15.2.2　商用漏洞管理系统

假设漏洞管理帮助您给一周后被广泛利用的严重漏洞打上了补丁，或者发现了其他安全工具还没有注意到的入侵，于是，您便得到了更多的预算，可对漏洞管理的技术进行改进，此时可考虑使用功能齐备的商业漏洞管理系统。

您自己打造了一个解决方案，最终却被商业产品替代，这好像浪费了精力和时间，但别忘了，您的系统只是实现目标的手段。您的目标是改善组织的漏洞状况，而您的系统在过去已经实现了这个目标。另外，通过自己构建并维护系统，您也明白了漏洞管理系统的工作原理，能够像久经沙场的专家那样安装并维护商业系统。

与 15.2.1 节一样，本节不会推荐任何产品，而只指出一些准则，以帮助您选择适合自己的商业产品。

1. 功能不减少

商业工具应执行与自制系统一样的任务，或至少能够集成既有的系统以共享数据。

2. 能够导入既有数据

选择让您能够通过编写脚本来导入 JSON、XML 或其他开放格式数据的商业工具，这样就不会丢弃已收集到的历史漏洞数据。

3. 能够导出既有数据

选择能够以文档详尽的开放格式（如 JSON 或 XML）导出数据的产品，这是对商业产品的最低要求，如果能够与其他安全工具直接集成就更好了。

4. 功能广泛且文档完善的 API

正如在 14.1 节中了解到的，即便是简单的 API 也能够让您与其他工具共享漏洞信息。功能广泛且文档完善的 API 能够以自定义的方式集成不同的安全工具。

15.2.3　一些商用漏洞管理系统

下面按字母顺序列出了一些流行的商业漏洞扫描器和商业漏洞管理系统。请不要根据产品是否出现在该列表中来推断笔者是否推荐它。

❑ Alert Logic 公司（多款产品）。

❑ Greenbone Networks 股份有限公司的 Greenbone Security Manager。

❑ IBM 公司的 QRadar Vulnerability Manager。

❑ Qualys 公司的 Vulnerability Management and Cloud Platform。

❑ Rapid7 公司的 InsightVM。

❑ Tenable 公司的 Nessus 和 Tenable.io。

❑ Tripwire 公司的 IP360。

15.3　信息安全领域的发展趋势

虽然本书中打造的漏洞管理系统非常适合当前的组织和网络环境，但还是有必要去考虑未来信息安全领域的发展趋势，因为它们可能改变您的信息安全需求。想想云、容器和零信任网络将给您的组织的漏洞管理方式带来什么样的影响。

15.3.1　再谈云和容器

即便是在当前，也有一些组织（主要是初创企业和快速成长的技术公司）根本没有内部基础设施。这些组织的所有生产系统都部署在私有云中，由基础设施协调工具（如 Terraform）进行管理，这些工具根据当前需求动态地搭建并拆除主机和服务。于是，很难确定当前哪些系统正在运行，更别说它们的漏洞状况了。要在这样的环境中集成漏洞管理系统，需要做深入的思考，还可能需要与开发运维（DevOps）团队协作。

如果您使用了协调工具来搭建并拆除基础设施，可新增一个向漏洞管理系统注册（或注销）新主机和服务的步骤，这样您将始终拥有最新的需要扫描的主机和 IP 地址列表。对存活时间较长的虚拟主机来说，这种做法的效果很好，但对于存活时间只有几天甚至几小时（而不是几周甚至几个月）的临时主机，该怎么办呢？

虽然可将临时性主机排除在外，将其安全交给搭建和维护它们的团队去负责，但这种做法无疑是无远见的。对于这样的系统，对其进行扫描并长期保留扫描结果的意义有限，但在改善临时基础设施的安全状况方面，漏洞管理计划依然扮演着重要的角色。您不能根据扫描结果建议去给这些系统定期地打补丁，但可坚持将更新补丁作为搭建过程中不可或缺的部分。可在这些系统上线后立即打上所有补丁，但更好的做法是，创建一个组织专用的系统映像，将其作为所有短寿命系统的模板。为确保短寿命服务器尽可能的安全，最佳的做法是定期地扫描并更新这个模板。

为创建和删除其他系统，并确保使用正确的映像，必须使用一些软件工具，这可以是 Terraform、Kubernetes、Chef 或其他自动化工具。构建/配置系统长期存在，是临时基础设施中绝佳的攻击目标，因此务必通过传统的漏洞扫描和管理来确保这些构建工具的安全。

有些组织已将基础设施完全迁移到云端或一开始就将基础设施部署到了云端，其员工通常使用自己的设备（而不是公司的工作站）随时随地地建立连接。这种完全分散的组织可能需要采用 15.3.2 节讨论的零信任网络模型。

15.3.2　零信任网络

零信任网络的概念是由 John Kindervag 于 2010 年首先提出的，其基本假设很简单：未验证便不信任。在传统的网络安全中，信任模型是基于网络边界的，它允许位于某些网络区域（根据 IP 地址来确定）的设备访问资源，并禁止其他所有 IP 地址访问资源。在零信任网络中，根本没有网络边界的概念，它根据网络管理员设置的其他特征分别给每台设备授权。例如，对于特定的系统，仅当满足如下条件时才允许它连接资源：使用该系统的是已知用户，且是使用多因素身份认证（MFA）方式登录的；该系统的板载反病毒工具报告它是干净的；该系统的 MAC 地址位于白名单中。零信任网络的目标是，仅当设备是安全的，且根据其他标准（而不仅仅是 IP 地址）获得授权时，它才能访问网络。

当前，最著名的零信任模型是 BeyondCorp，这是谷歌开发的一个框架。从 2011 年起，谷歌就一直在公司内部搭建并使用 BeyondCorp 模型，并发表了多篇研究论文，对其实现原理做了详细阐述。对于谷歌云的客户，谷歌提供了基于 BeyondCorp 模型的零信任网络实现 context-aware access。为与谷歌竞争，微软发布了一个基于 Azure Active Directory 的零信任框架。本书出版时，亚马逊还未发布零信任框架，但大部分相关的组件已就绪，客户还需要将它们组装起来并使用第三方身份供应商。

零信任网络改变了漏洞管理流程，您不能再扫描和管理一系列明确的网段，而必须将数量不确定的工作站、笔记本甚至移动设备视为基础设施的一部分。然而，您可能连这些设备位于网络的什么地方都不知道，又怎么能够定期地扫描并修复漏洞呢？

答案就是在零信任授权标准中集成一个漏洞管理指标，说起来简单做起来难。对于给定的主机，仅当它不存在重大漏洞（或满足您指定的其他条件）时，才被授权连接到网络。因此，不仅要确保漏洞数据始终是最新的，还必须使其成为整个网络安全中不可或缺的组成部分。搭建真正的零信任网络模型需要时间，如果不是从空白开始组建新的网络，这还可能是一个不断迭代的过程。但这也给您提供了机会，让您能够倡导在组织的零信任模型中添加漏洞管理。

对于位置和 IP 地址都在不断变化的主机，传统扫描无法获得并定期地更新有关它们的漏洞信息。您需要使用漏洞报告代理，这是一个驻留在主机中的小型二进制文件，定期地向中央位置报告主机的漏洞状况。很多零信任配置都要求在主机中安装反病毒/反恶意软件代理，因此您可能通过这个代理获取到漏洞信息。只要有足够的时间和专业知识，您很可能开发出可以提供类似信息的自制解决方案，但这远远超出了当前的讨论范围。

15.4　小结

本书已接近尾声。我在编写本书的过程中发现，搭建漏洞管理系统让我有了很大的收获，但愿您也如此。在此过程中，我学到了 Python、MongoDB、命令行工具和漏洞管理方面的新特性和新细节，而我的目标是将这些知识倾囊相授。

与所有的人类活动领域一样，对漏洞管理的探索永远不会停止。本书展现的只是一个漏洞管理的快照，在本书出版期间，肯定又出现了新漏洞、新的漏洞管理产品，以及有关如何记录和解决漏洞的新理念。通过阅读本书并定制打造一个漏洞管理系统，您就能紧跟这个领域的发展步伐，甚至为其发展尽微薄之力。

请别忘了，本书涉及的所有脚本都可从异步社区的本书页面中获取。

现在就去保护您所在组织的基础设施吧！